国家“双高计划”水利水电建筑工程高水平专业群
水利职业资格证书系列教材
1+X 水利工程质量检测职业技能等级证书系列教材

量　测

主　编　杨春景　胡全舟
副主编　马　啸　耿铁君
　　　　李毅男　郭志刚
主　审　邓伟杰

黄河水利出版社
·郑州·

内 容 提 要

本书是国家"双高计划"水利水电建筑工程高水平专业群水利职业资格证书系列教材、1+X水利工程质量检测职业技能等级证书系列教材，紧扣1+X水利工程质量检测职业技能等级标准，按照1+X水利工程质量检测职业技能等级证书考评大纲要求，结合全国水利职业教育教学改革的需要及专业课程教学的特点，依据国家标准、行业标准以及校企合作编写完成。本书共分14个模块，主要内容包括测量概述、水准测量、角度测量、控制测量、施工测量的基本方法、测量误差基础知识、安全监测的作用及发展、安全监测仪器原理及分类、变形监测、应力应变监测、渗流监测、振动监测、监测自动化、监测资料整编等。

本书可作为高等职业院校水利工程、水利水电建筑工程、水利水电工程技术专业，以及其他水利类专业教材使用，还可供水利水电工程设计、施工组织和管理的相关从业者阅读参考。

图书在版编目(CIP)数据

量测/杨春景，胡全舟主编. —郑州：黄河水利出版社，2023.7

国家"双高计划"水利水电建筑工程高水平专业群水利职业资格证书系列教材　1+X水利工程质量检测职业技能等级证书系列教材

ISBN 978-7-5509-3673-7

Ⅰ.①量…　Ⅱ.①杨…　②胡…　Ⅲ.①水利工程测量-质量检验-技术培训-教材　Ⅳ.①TV221

中国国家版本馆CIP数据核字(2023)第147525号

组稿编辑：王路平　电话：0371-66022212　E-mail：hhslwlp@163.com
田丽萍　66025553　912810592@qq.com

责任编辑：陈彦霞　责任校对：岳晓娟　封面设计：张心怡　责任监制：常红昕
出版发行：黄河水利出版社
地址：河南省郑州市顺河路49号　邮政编码：450003
网址：www.yrcp.com　E-mail：hhslcbs@126.com
发行部电话：0371-66020550、66028024
承印单位：河南新华印刷集团有限公司
开本：787 mm×1 092 mm　1/16
印张：12.75
字数：300千字
版次：2023年7月第1版　印次：2023年7月第1次印刷

定价：50.00元

前　言

本书是根据《中共中央关于认真学习宣传贯彻党的二十大精神的决定》，中共中央办公厅、国务院办公厅《关于推动现代职业教育高质量发展的意见》，国务院《国家职业教育改革实施方案》，教育部、财政部《关于实施中国特色高水平高职学校和专业建设计划的意见》，水利部、教育部《关于进一步推进水利职业教育改革发展的意见》，教育部办公厅、国家发展和改革委员会办公厅、财政部办公厅《关于推进 1+X 证书制度试点工作的指导意见》等文件精神，组织编写的国家"双高计划"水利水电建筑工程高水平专业群水利职业资格证书系列教材、1+X 水利工程质量检测职业技能等级证书系列教材之一。本套教材以学生为本，紧扣 1+X 水利工程质量检测职业技能等级标准，遵循高等职业院校情境化、项目化教学改革的思路，体现产教融合、岗课赛证融通的理念，注重吸收产业升级和行业发展的新知识、新技术、新工艺、新方法、新规范，对接科技发展趋势和市场需求，是理论联系实际、教学面向生产的高职高专教育精品教材。

本书在深入研究制度内涵、特征与功能的基础上，努力探索制度在教材开发领域的实现途径及具体策略，使教材真正成为既能帮助学生获得学历证书，又能帮助学生获得多个职业技能等级证书的有用且高效的学习工具，助力复合型技术技能人才培养，拓宽学生就业创业本领，应对新时期的产业结构调整与科技发展。教材内容覆盖专业教学标准、课程标准，确保学生能学到该专业和课程的基本知识与基本技能，同时覆盖国家职业技能等级标准中的职业技能，确保学生能同时学到对接国家标准的职业技能。教材内容的难度适当，确保学生能够修得学分，拿到学历证书，并在此基础上，部分难度向职业技能等级标准和考证需求靠拢，做到教学、考证一体化，拓展功能与效用。

本书由黄河水利职业技术学院和黄河勘测规划设计研究院有限公司共同组织编写，主要编写人员及编写分工如下：模块一、模块八、模块十、模块十一由黄河勘测规划设计研究院有限公司胡全舟编写，模块二、模块三由黄河勘测规划设计研究院有限公司耿轶君编写，模块四、模块七由黄河勘测规划设计研究院有限公司李毅男编写，模块五、模块六由黄河勘测规划设计研究院有限公司郭志刚编写,模块九、模块十二由黄河水利职业技术学院杨春景编写,模块十三、模块十四由黄河勘测规划设计研究院有限公司马啸编写。本书由杨春景和胡全舟担任主编并负责全书统稿;由马啸、耿轶君、李毅男、郭志刚担任副主编;由黄河勘测规划研究院设计有限公司邓伟杰担任主审。

本书在编写过程中,得到了黄河水利职业技术学院和黄河勘测规划设计研究院有限公司的领导、专家的大力支持、帮助,同时,参考了不少相关资料、著作、教材,对提供帮助的同仁及资料、著作、教材的作者,在此一并致以诚挚的谢意!

由于编者水平有限,书中难免存在错漏和不足之处,恳请广大师生及专家、读者批评指正。

编　者

2023 年 2 月

目　录

模块一

测量概述

量

测

思维导图

测量的基础知识

地面点位的确定

任务一 测量的基础知识

一、工程测量的概念

工程测量是测量学的一个分支,是研究工程建设在勘测、规划、设计施工、运行管理各阶段的测量工作理论、技术和方法。

二、测量学的任务

从测量学的角度讲,其任务包括测绘和测设两个方面。测绘就是使用各种测量仪器和工具,运用各种测量方法测定地球表面的地物和地貌的位置,按一定的比例尺缩绘成图。广义上讲,其过程是从实物到图的过程。测设是将图纸上设计好的建筑物的平面位置和高程,按设计要求标定在地面上,作为施工依据,又称施工放样。

三、工程测量研究的对象

工程测量研究的最基本对象是空间上的点。测量工作的主要目的是确定点的坐标和高程,最后是直线、平面和体。

空间点的投影如图 1-1 所示,点的平面直角坐标如图 1-2 所示。规定空间点在 XOY 坐标平面的投影的坐标为 $a(x,y)$,其极坐标为(θ,r),点的高程用坐标 z 表示,在测量学中用高程来标定。

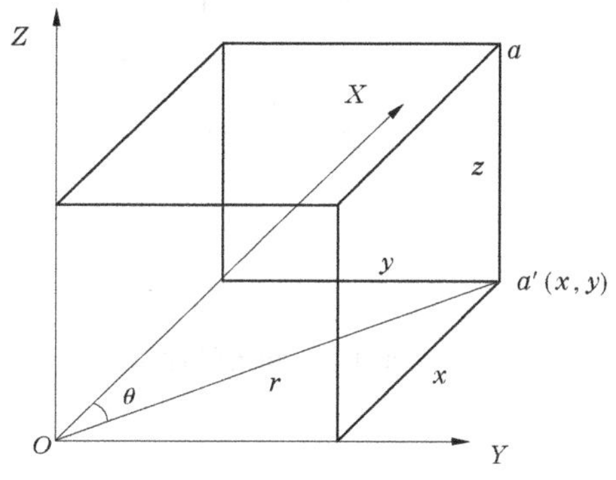

图 1-1 空间点的投影

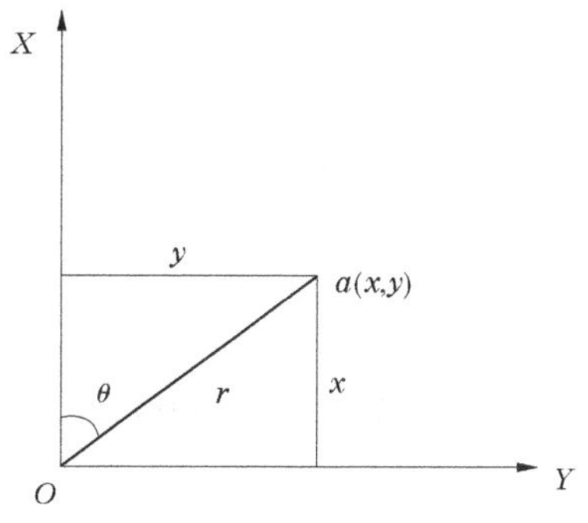

图 1-2 点的平面直角坐标

四、工程测量基本工作

控制测量、碎部测量及施工放样的实质都是确定点的位置,而点位的确定都离不开距离、角度和高差这三个基本观测量。因此,测量的三项基本工作是距离测量、角度测量、高差测量;确定地面点位置的三个基本要素为距离、角度和高差。

五、测量的基本原则和方法

(1)在测量布局上,“由整体到局部”。

(2)在测量精度上,“由高级到低级”。

(3)在测量程序上,“先控制后碎部”。

(4)方法:在测量过程中,“随时检查,杜绝错误”。

六、测量常用的度量单位

(1)角度单位:度、分、秒。

1 个圆周 = 360°;1° = 60′;1′ = 60″。

(2)弧度:等于半径的弧长所对应的圆心角,称为一弧度角。以一个弧度角作为角度的单位称为弧度制。

$\rho = 180/\pi = 57.295\ 779\ 5°$

$\rho = 180 \times 60/\pi = 3\ 437.746\ 77' \approx 3\ 438'$

$\rho = 180 \times 60 \times 60/\pi = 206\ 264.806'' \approx 206\ 265''$

七、测量坐标与数学坐标的关系

如图 1-3、图 1-4 所示,两类坐标系为数学坐标系和测量坐标系。

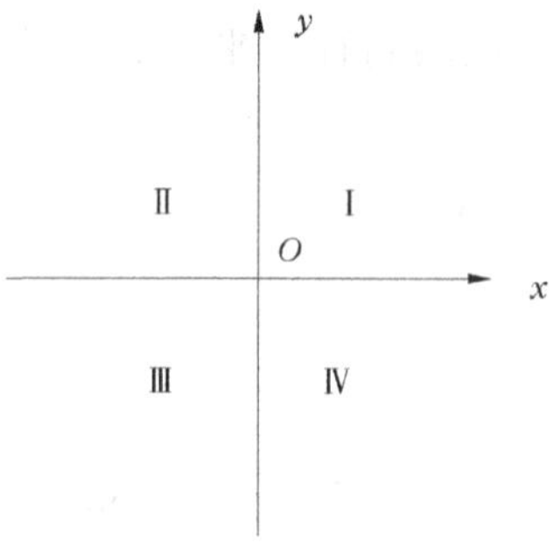

图 1-3　数学坐标系

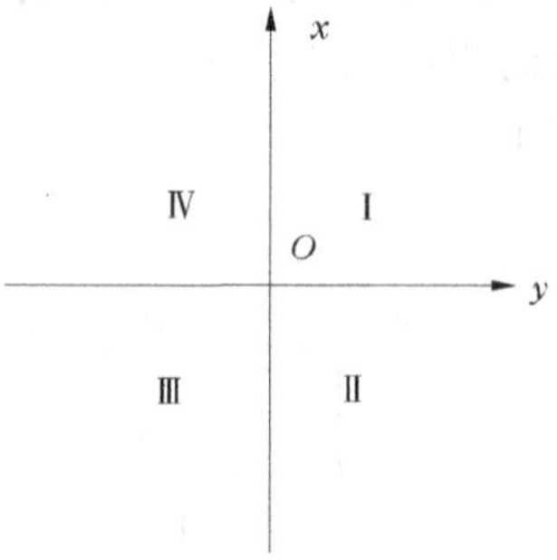

图 1-4　测量坐标系

(一)区别

(1)两类坐标系的轴正好相反。

数学中的平面直角坐标以纵轴为 y 轴,自原点向上为正,向下为负;以横轴为 x 轴,自原点向右为正,向左为负。测量上的平面直角坐标系以南北方向的纵轴为 x 轴,自原点向北为正,向南为负;以东西方向的横轴为 y 轴,自原点向东为正,向西为负。

(2)测量与数学上关于坐标象限的规定也有所不同,二者均以北东为第一象限,但数学上的四个象限为逆时针递增编号,而测量上则为顺时针递增编号。

(二)联系

由于测量工作中以极坐标表示点位时其角度值是以北方向为准按顺时针方向计算的,而数学中则是以横轴为准按逆时针方向计算的。把 x 轴与 y 轴纵横互换后,数学中的全部三角公式都同样能在测量中直接应用,不需做任何变更。

八、测量工作在工程建设中的主要任务

(1)测绘大比例尺地形图。

(2)施工放样和竣工测量。

(3)变形观测。

任务二　地面点位的确定

一、测量学的基准线和基准面

(一)铅垂线

离心力和地心引力的合力称为重力,重力的作用线即为铅垂线。

(二)水准面

假想静止不动的水面延伸穿过陆地,包围了整个地球,形成一个闭合的曲面,这个曲面称为水准面。

(三)大地水准面

在无数个水准面中,与平均海水面相吻合的面称为大地水准面。

大地水准面与椭球面见图 1-5。

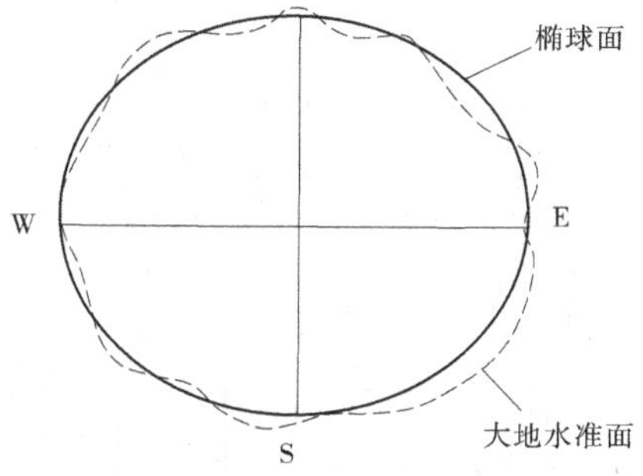

图 1-5　大地水准面与椭球面

(1)大地水准面的特性:①不规则性(但处处与铅垂线垂直);②唯一性。

(2)大地水准面的作用:一是点位的投影面;二是高程的起算面。

(四)总椭球体

选择一个非常接近大地水准面,并可用数学表达式表示的规则几何形体来表示地球

总的形状,这个数学形体就是由一个椭圆,绕其短轴旋转所形成的椭球体就是总椭球体。

长半轴 $a\approx6\ 378\ 140$ m

短半轴 $b\approx6\ 356\ 755$ m

扁率 $f=(a-b)/a\approx1/298.257$

二、确定地面点的坐标系统

(一)天文地理坐标

地面点在球面上的位置常用经度和纬度来表示,称为地理坐标(见图 1-6)。它以铅垂线为基准线,以大地水准面为基准面。

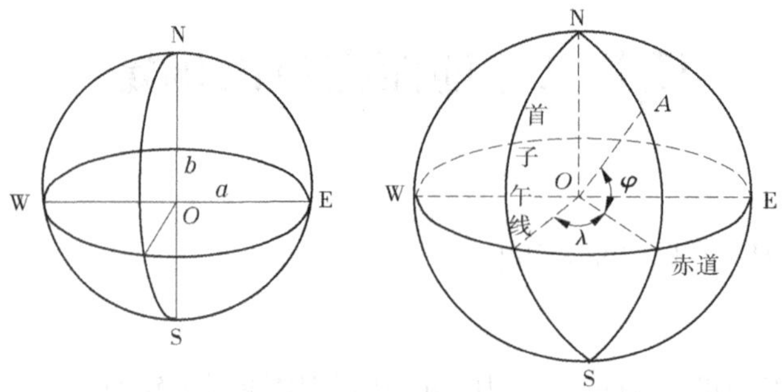

图 1-6 地理坐标

(二)平面直角坐标

1. 高斯平面直角坐标

1)定义

从首子午线开始,自西向东每 6°划分一带,将该带展开,近似看成平面,或是从东经 1°30′子午线开始,自西向东每 3°划分一带,将该带展开,近似看成平面。投影带及 6°(3°)带见图 1-7。

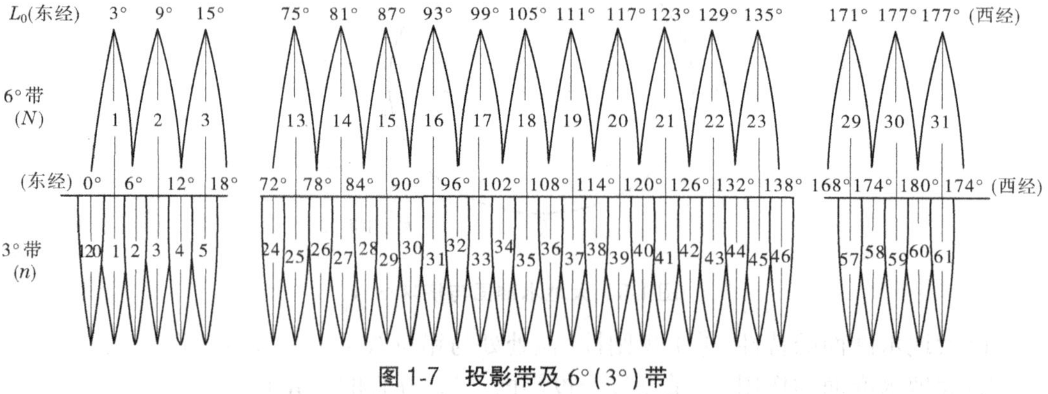

图 1-7 投影带及 6°(3°)带

2)中央子午线经度及带号

(1)对于 6°带:

①第 N 带的中央子午线经度 $L_{N0}=6°N-3°$。
②经度 L 的带号 $N=[L/6°]+1$。
(2)对于 3°带:
①第 n 带的中央子午线经度 $l_{n0}=3n$。
②经度 l 的带号 $n=[\ (1°-1°30')/3°]+1$。
(3)坐标(X,Y)[见图 1-8(a)]。
(4)Y 坐标值加上 500 km,再冠以带号[见图 1-8(b)]。

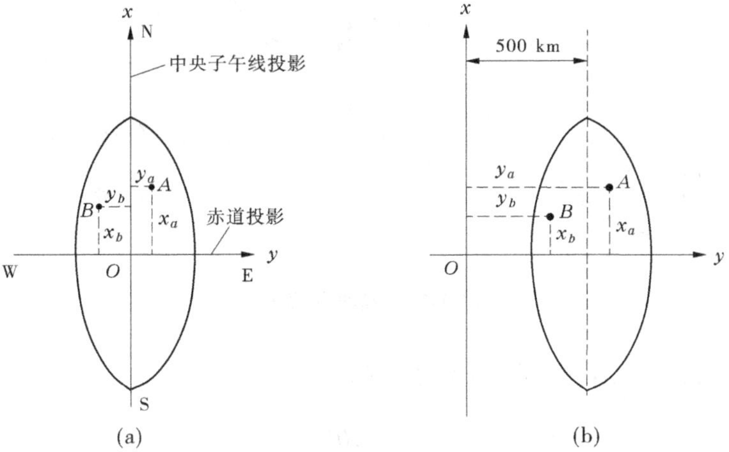

图 1-8　高斯平面直角坐标

2. 独立平面直角坐标系

当测区面积较小时,可不考虑地球曲率的影响。用平面直角坐标表示其投影位置。坐标系的原点选在测区西南角,则测区内任意点的坐标均为正值。规定 x 轴向北为正向,y 轴向东为正向,坐标象限按顺时针方向编号,如图 1-9 所示。

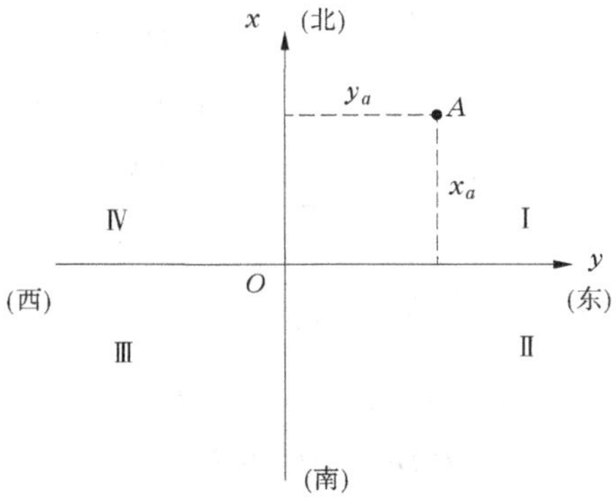

图 1-9　独立平面直角坐标

(三)高程坐标系

1956 黄海高程系统的青岛国家原水准基点高程 $H=72.289$ m。

1985 国家高程基准的青岛国家水准基点高程 $H=72.2604$ m。

高程：地面点到大地水准面的铅垂距离，一般用 H 表示，又称绝对高程或海拔。

高差：地面上两点高程之差，一般用 h 表示，$h_{AB}=H_B-H_A$，如图 1-10 所示。

相对高程：地面点到假定水准面的铅垂距离，又称假定高程。

绝对高程：地面上一点到大地水准面的铅垂距离，又称海拔。

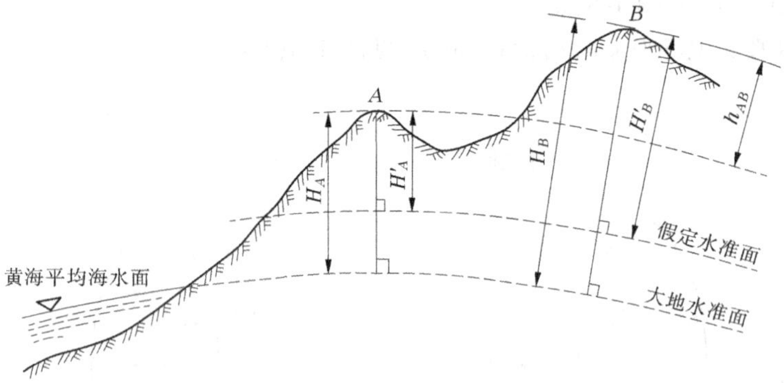

图 1-10　高程和高差

三、水平面代替水准面对距离的影响

$$D=R\theta \tag{1-1}$$

$$D'=R\tan\theta \tag{1-2}$$

$$\Delta D=D'-D=R(\tan\theta-\theta)\approx D^3/3R^2 \tag{1-3}$$

$$\Delta D/D=(D/R)^2/3 \tag{1-4}$$

由表 1-1 可以看出，水平面代替水准面对距离的影响通常在半径 10 km 测量范围内，可以用水平面代替大地水准面，如图 1-11 所示。

表 1-1　地球曲率对水平距离和高程的影响

距离力	距离误差 ΔD/mm	距离相对误差 $\Delta D/D$	高程误差 Δh/mm
100 m	0.000 8	1/1 250 000 万	0.8
1 km	0.008	1/12 500 万	78.5

四、水平面代替水准面对高程的影响

$$(R+\Delta h)^2=R^2+D'^2 \tag{1-5}$$

$$2R\Delta h+\Delta h^2=D'^2 \tag{1-6}$$

$$\Delta h=D^2/2R \tag{1-7}$$

以 D 代替 D'，$\Delta h=\dfrac{D^2}{2R+\Delta h}$，$\Delta h$ 与 $2R$ 比较可以忽略不计，则用水平面代替水准面对高程的影响较大，因此不能用水平面代替大地水准面。

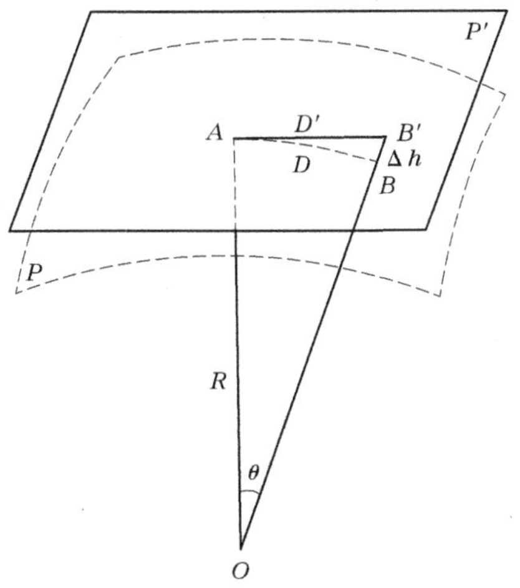

图 1-11 水平面代替水准面对距离的影响

模块二

水准测量

量

测

思维导图

水准测量的工具及使用

普通水准测量

任务一　水准测量的工具及使用

一、水准测量的基本原理

水准测量的基本原理是：利用水准仪提供的一条水平视线，分别读出地面上两个点上所立水准尺上的读数，由此计算两点的高差，根据测得的高差再由已知点的高程推求未知点的高程，如图 2-1 所示。

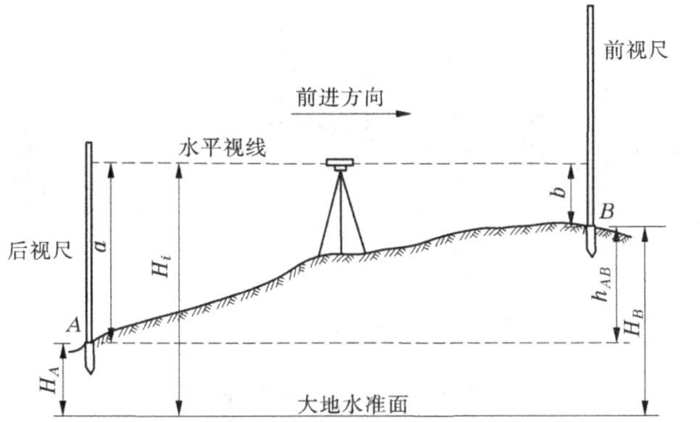

图 2-1　水准测量原理

高差法：
$$H_B = H_A + (a - b) \tag{2-1}$$
仪器高法：
$$H_B = (H_A + a) - b \tag{2-2}$$

二者的适用条件是：高差法用于高程的联标测量，用来完成测绘任务；仪器高法适宜用来完成测设任务，用于地面上定位点的高程放样。二者的计算公式不同，必须注意，深刻理解。

从公式的角度看，测量和放样在完成任务的目的上的区别是：测量是求得某点的高程；放样是求得某点的尺度数。

涉及的几个概念如下：

(1)后视点及后视读数。某一测站上已知高程的点，称为后视点，在后视点上的尺读数称为后视读数，用 a 表示。

(2)前视点及前视读数。某一测站上高程待测的点，称为前视点，在前视点上的尺读数称为前视读数，用 b 表示。

(3)转点。在连续水准测量中，用来传递高程的点，称为转点。其上既有前视读数，又有后视读数。

(4)间视点。在测量过程中，临时用来检查某一点的高程而在其上立尺所测的只有前视读数的点称为间视点。属于前视点的一个类型。其数据不能用来进行计算校核。常在抄平中使用。

二、连续水准测量

连续水准测量，也称联标。在 A、B 两点间高差较大或相距较远，安置一次水准仪不能测定两点之间的高差时使用连续水准测量。此时有必要沿 A、B 的水准路线增设若干个必要的临时立尺点，即转点(用作传递高程)。根据水准测量的原理依次连续地在两个立尺中间安置水准仪来测定相邻各点间高差，求和得到 A、B 两点间的高差值，如图 2-2 所示。

$$h_1 = a_1 - b_1 \tag{2-3}$$

$$h_2 = a_2 - b_2 \tag{2-4}$$

则

$$h_{AB} = h_1 + h_2 + \cdots + h_n = \sum h = \sum a - \sum b \tag{2-5}$$

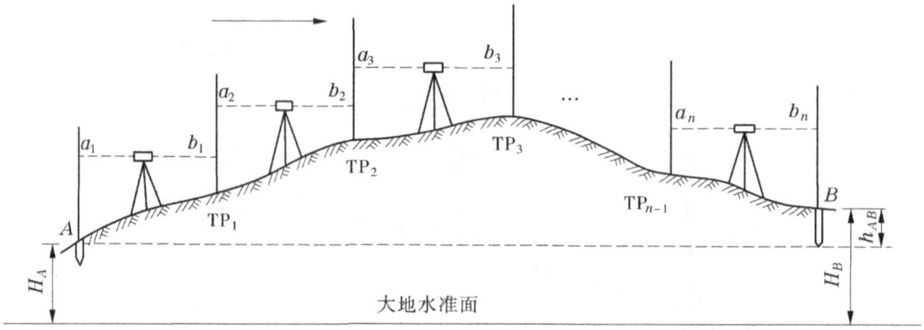

图 2-2 连续水准测量

三、水准仪的构造

水准仪主要由望远镜、水准器和基座组成，如图 2-3 所示。

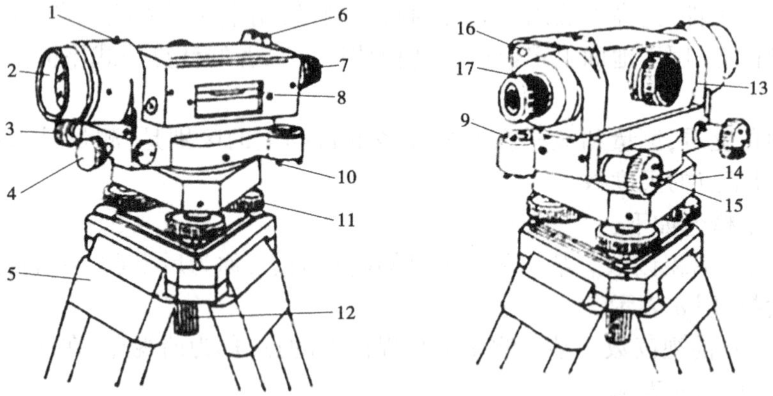

1—准星；2—物镜；3—微动螺旋；4—制动螺旋；5—三脚架；6—照门；7—目镜；8—水准管；9—圆水准器；
10—圆水准校正螺旋；11—脚螺旋；12—连接螺旋；13—物镜调焦螺旋；
14—基座；15—微倾螺旋；16—水准管气泡观察窗；17—目镜调焦螺旋。

图 2-3 DS_3 型水准仪

(一)基座

基座呈三角形,由轴座、脚螺旋和连接板组成。仪器上部通过竖轴插在轴套内,由基座承托。脚螺旋用来调整圆水准器。整个仪器通过连接板、中心螺旋与三脚架连接。

(二)望远镜

望远镜由物镜、目镜、十字丝分划板和对光透镜(内对光式)等的组成,如图 2-4 所示。物镜(复合透镜)作用:将远处的目标成像在十字丝分划板上,形成缩小而倒立的实像。目镜(复合透镜)作用:将物镜所形成的实像连同十字丝一起放大成虚像。十字丝分划板:位于望远镜光学系统的焦平面上(光学玻璃板),用以瞄准目标和读数,上面有一竖丝和三条横丝(中丝和两条视距丝)。

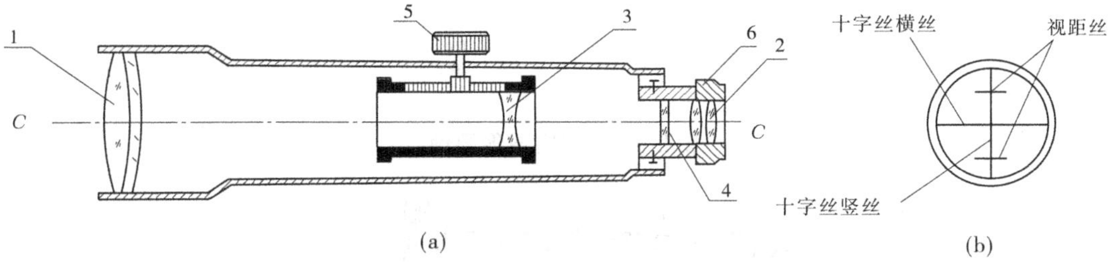

1—物镜;2—目镜;3—调焦透镜;4—十字丝分划板;5—物镜调焦螺旋;6—目镜调焦螺旋。

图 2-4　测量望远镜

望远镜的参数主要有:放大率、视场角、分辨率和亮度。

望远镜的作用主要有:对光和消除视差。

视差指物镜对光后,眼睛在目镜端上、下微微移动时,十字丝和水准尺成像有相互移动的现象。

消除方法:仔细反复地调节目镜和物镜的对光螺旋,直到成像稳定。

望远镜的成像原理如图 2-5 所示。

(三)视准轴

视准轴指物镜光心和十字丝交点的连线。

(四)水准器

水准器分圆水准器和管水准器,圆水准器用以使仪器竖轴处于铅垂位置,管水准器用以使视线精确水平。

(五)水准管的构造

水准管是一个两端封闭的玻璃管,管内壁研磨成一定半径的圆弧,将两端封闭,管内形成小空间。水准管的构造见图 2-6。

(1)水准管轴:水准管圆弧的中点称为水准管的零点。过零点作圆弧的纵切线 LL 称为水准管轴。

(2)水准管分划值:水准管上 2 mm 弧长所对的圆心角。

$$\tau'' = 2\rho''/R \tag{2-6}$$

(六)圆水准器的构造

圆水准器是一个密封的顶面内磨成球面的玻璃圆盒。圆水准器的构造见图 2-7。

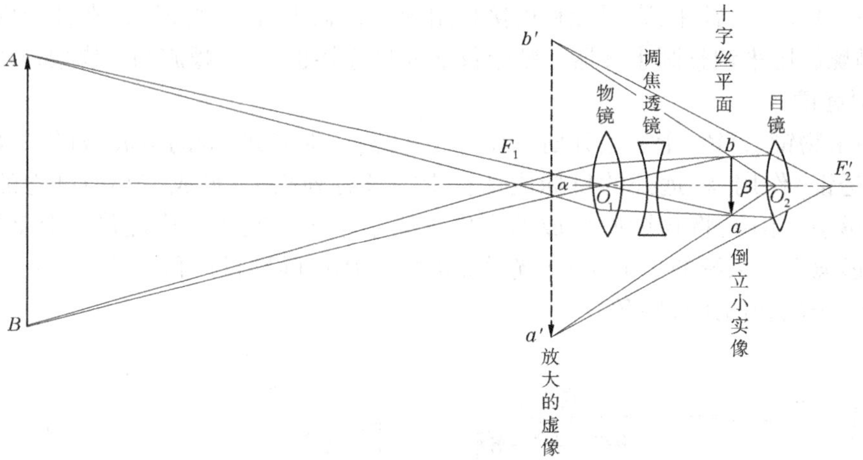

图 2-5 望远镜成像原理

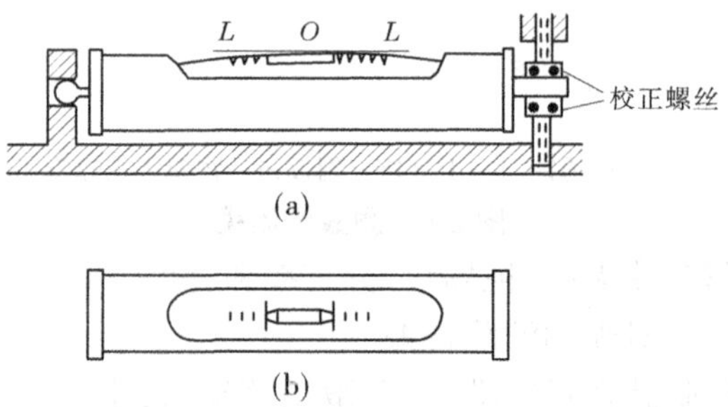

图 2-6 水准管的构造

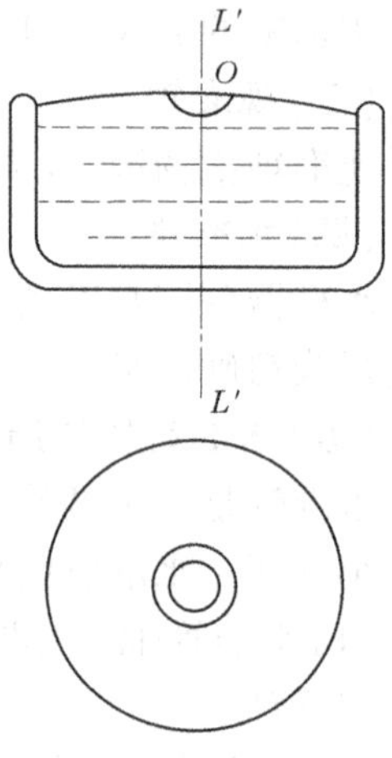

图 2-7 圆水准器

(1)圆水准轴:分划小圆周的中心为圆水准器的零点,过零点的球面法线为圆水准轴。

(2)分划值大,灵敏度低,仅用于粗平。

四、水准仪的操作

水准仪的使用分以下几步:

(1)三脚架打开与安置分两个步骤:

①提拉脚架。用右手抓住三脚架的头部,立起来,然后用左手顺时针拧开三脚架三个脚腿的固定螺旋。同时上提脚架,脚腿自然下滑。提至架头与自己的眼眉齐平。之后逆时针拧紧螺旋,固定脚腿。注意螺栓的拧紧程度不要过大,手感吃力即可。

②打开脚架。提拉完脚架之后,用两手分别抓住两个架腿,向外侧掰拉,同时用脚推出另一个架腿,使脚架的落地点构成等边三角形并保证架头大致水平。要求脚架的空挡与两个立尺点相对,这样可防止

骑某个脚腿读数的情况出现。

(2)安置仪器。三脚架立好后,打开仪器箱取出仪器,将仪器的底座一侧接触架头,然后顺势放平仪器。旋紧底座固定螺旋,要求松紧适度。

(3)粗平。将仪器的圆气泡对准一个架腿侧,手提该架腿前后推拉,使气泡大致居中。气泡的运动方向为左右反向,前后同向。踩实架腿。

(4)精平。在粗平完成后,调节脚螺旋,使圆水准器气泡严格居中,称为圆气泡的精平,如图 2-8 所示;旋动微倾螺旋,使符合水准器的两个半气泡对齐,称为读数精平,见图 2-9。

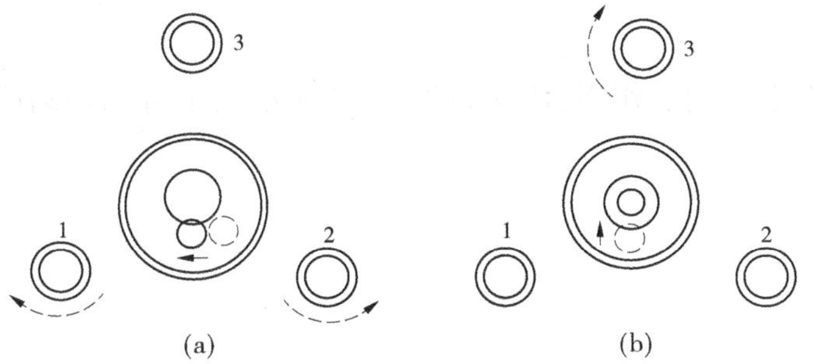

图 2-8　圆水准器整平

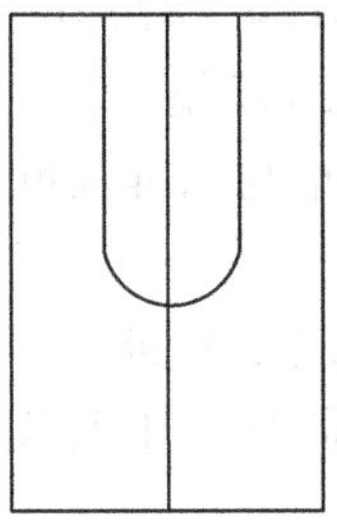

图 2-9　符合水准器的气泡符合

(5)瞄准水准尺。

(6)读数。从小数向大数读,读四位。前两位从尺上直接读取,第三位查黑白格数,第四位估读,如图 2-10 的读数为 1. 259 m。

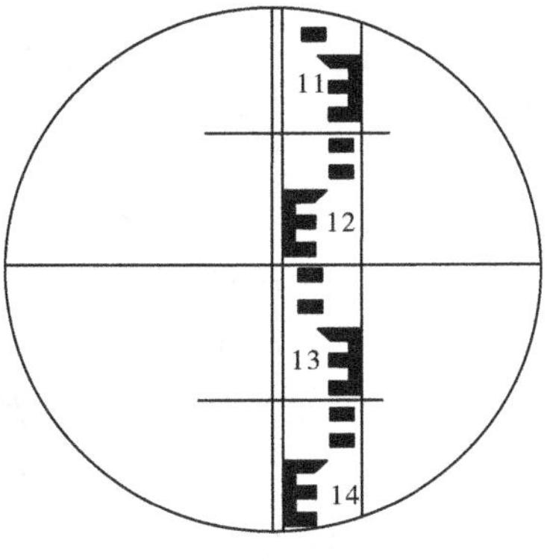

图 2-10　瞄准水准尺与读数

注意:①每次读数前都要精平;②按操作规程使用仪器;③制、微动螺旋不能错用,旋转要轻巧;④仪器和工具要轻拿轻放;⑤不能坐仪器箱上;⑥切忌手扶脚架进行观测。

以上的操作是针对 DS_3 型微倾水准仪而言的。自动安平水准仪省略了读数精平。

五、测量工具

(一)水准尺

水准尺是水准测量的重要工具,与水准仪配合使用。水准尺的种类有精密水准尺和普通水准尺;尺长一般为3~5 m;尺型有直尺、折尺、塔尺等;其分划为底部从零开始每间隔1 cm,涂有黑白或黑红相间的分划,每分米注记数字。

双面尺分尺长一般为3 m,两根尺为一对。尺的双面均有刻划,一面为黑白相间,称为黑面尺(也称主尺),尺有从零开始;另一面为红白相间,称为红面尺(也称辅尺),尺底从4.687(4.787)开始。

(二)尺垫

尺垫与水准仪配合,在转点上使用。作用:传递高程,防止水准尺下沉和转动改变位置。

(三)三脚架

三脚架用于安放仪器。

任务二 普通水准测量

一、水准测量的实施

所谓的普通水准测量,是指四等或等外水准测量。

(一)水准点

永久水准点如图2-11所示。

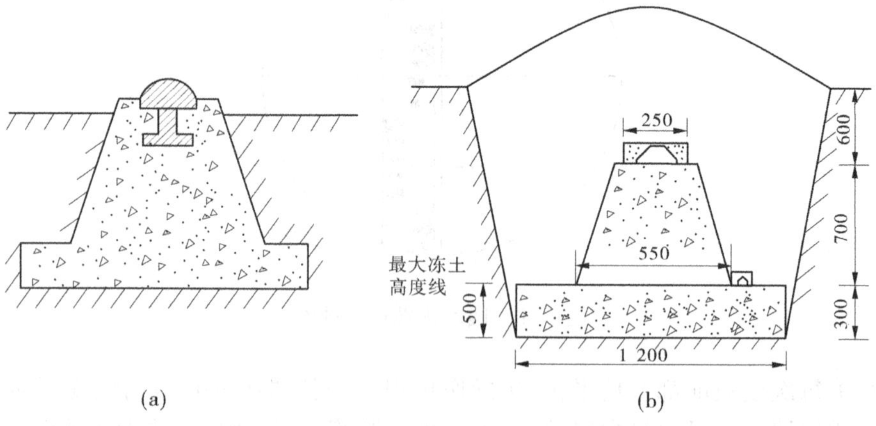

图2-11 永久水准点 (单位:mm)

(二)水准路线

(1)闭合水准路线。指从一个已知水准点出发经过各待测水准点后又回到该已知水准点上的路线，如图 2-12 所示。

(2) 支水准路线。指从一个已知水准点出发到某个待测点结束的路线。要往返观测，比较往返观测高差，如图 2-13 所示。

(3) 附合水准路线。指从一个已知水准点出发经过各待测水准点附合到另一个已知水准点上的路线，如图 2-14 所示。

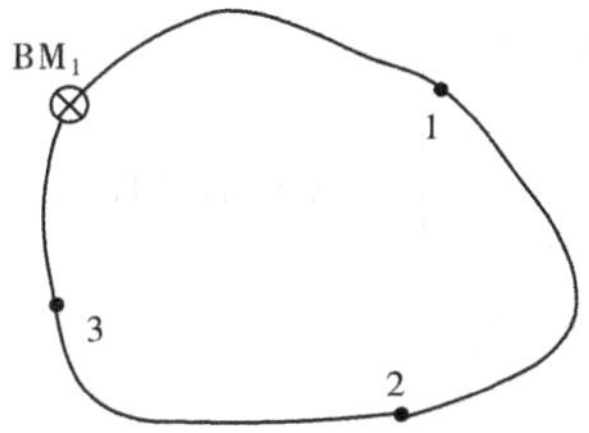

图 2-12　闭合水准路线

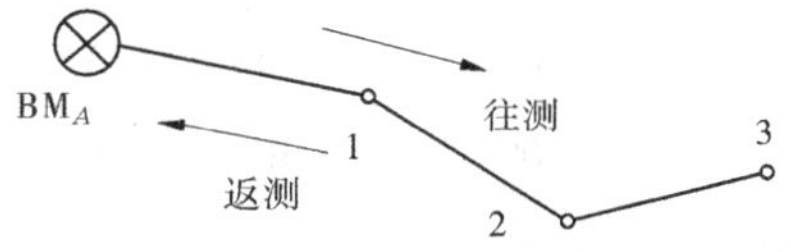

图 2-13　支水准路线

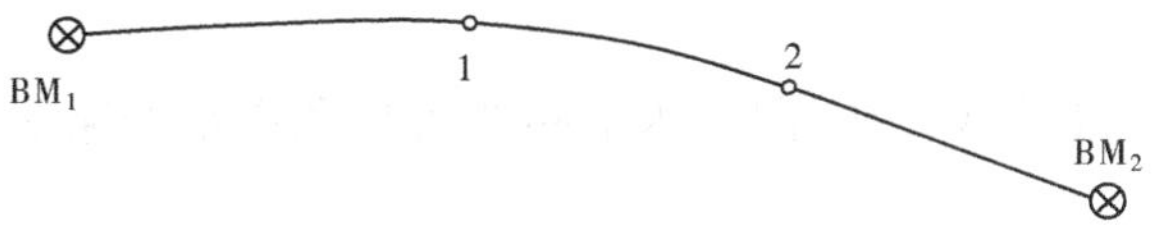

图 2-14　附合水准路线

(三) 水准测量的实施

水准测量的实施首先要具备以下几个条件：一是确定已知水准点的位置及其高程数据；二是确定水准路线的形式即施测方案；三是准备测量仪器和工具，如塔尺、记录表、计算器等；四是到现场进行测量。

连续水准测量的使用场合：若地面两点相距远，安置一次仪器就可以直接测定两点的高差。当地面上两点相距较远或高差较大，安置一次仪器难以测得两点的高差时，应采用连续水准测量的方法进行，因此必须依图 2-15 所示在 A、B 两点之间增设若干临时立尺点。把 A、B 分成若干测段，逐段测出高差，最后由各段高差求和，得出 A、B 两点间高差。

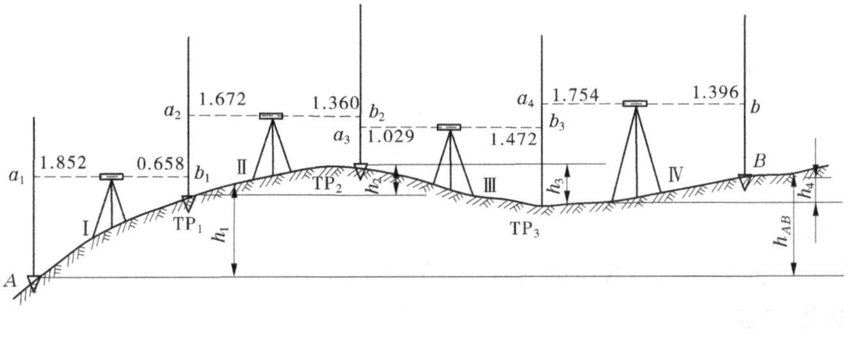

图 2-15　连续水准测量

连续水准测量的记录表格如表 2-1 所示。填表时注意数字的填写位置，不能填串行或串格。方法是边测边现场记录，分清点位。

表 2-1　水准测量记录表

测点	水准尺读数		高差		高程	备注
	后视	前视	+	−		
A	1.852				156.894	*A* 点的高程为 156.894 m
TP1	1.672	0.658	1.194		158.088	
TP2	1.092	1.360	0.312		158.4	
TP3	1.754	1.472		0.38	158.02	
B		1.396	0.358		158.378	
Σ	6.37	4.886	1.864	0.38		

二、水准测量的校核

(一)路线校核

路线校核有闭合水准路线校核、附合水准路线校核和支水准路线校核。

(二)测站校核

(1)变动仪器高法。

(2)双仪器高法。

(3)双面尺法。

一个测站只测一次高差，高差是否正确无法知道，应对一个测站重复测量，且其较差的测定，$|h_1-h_2|\leq 5$ mm。

①变动仪器高法。在同一测站上，用不同的仪器高(相差 10 cm 以上)，测得两次高差进行比较。当较差满足时，取其平均值作为该测段高差；否则，重新观测。

②双仪器高法。用两台仪器同时观测，分别计算高差，合格后取均值。

③双面尺法。在每一测站上，用同一仪器高，分别在红、黑两尺面上读数，然后比较黑面测得的高差和红面测得的高差，当较差满足时，取其平均值作为该测段高差；否则重新观测。

注意：观测顺序是黑—黑—红—红。

$$后红 = 后黑 + K \tag{2-7}$$

$$前红 = 前黑 + K \tag{2-8}$$

$$h_{红} = h_{黑} \tag{2-9}$$

(三)计算校核

用计算高差的总和检验各站高差计算是否正确。

(四)成果校核

成果校核是水准测量消除错误，提高最后成果精度的重要措施。由于测量误差的影响，使水准路线的观测值与理论值不符，其差值称为闭合差。

$$闭合差 = 观测值 - 理论值(真值、高精度值) \tag{2-10}$$

闭合水准路线：　$f_h = \sum h_{测} - (H_{终} - H_{起})$　(2-11)

附合水准路线：　$f_h = \sum h_{测} - (H_{终} - H_{起})$　(2-12)

支水准路线：　$f_h = \sum h_{往} + \sum h_{返}$　(2-13)

容许误差：计算所得高差闭合差 f_h 在规定的容许范围内，认为精度合格。

$$f_{h容} = \begin{cases} \pm 40\sqrt{L}\ \text{mm}(平地,L 为路线长度,以\ \text{km}\ 计) \\ \pm 12\sqrt{n}\ \text{mm}(山地,n 为测站数) \end{cases} \tag{2-14}$$

三、高差闭合差的调整与计算

通过高差闭合差的调整，来改正观测高差所包含的误差，用改正后的高差计算高程。改正原则：按测站数（或路线长度）成正比例、反符号分配。

步骤如下：

(1)高差闭合差的计算：

$$f_h = \sum h_{测} = -0.020\ \text{m}$$

$$f_{h容} = \pm 12\sqrt{n} = \pm 12\sqrt{19} = \pm 52(\text{mm})$$

(2)高差闭合差的调整：

$$v = -\frac{f_h}{\sum n} = -\frac{-0.020}{19} = 1(\text{mm})$$

(3)计算高程：

水准测量高程计算见表 2-2。

表 2-2　水准测量高程计算

测点	测站数/个	实测高差/m	改正数/m	改正高差/m	高程/m
1	8	1.234	0.009	1.243	200.000
2	6	0.345	0.006	0.351	
3	5	−1.599	0.005	−1.594	
Σ	19	−0.020	0.020	0	

模块三

角度测量

量

测

思维导图

角度测量的基本概念

角度测量

竖直角观测的方法

任务一　角度测量的基本概念

角度测量是测量的三项基本工作之一,包括水平角测量和竖直角测量。经纬仪是进行角度测量的主要仪器。

一、水平角及其测量原理

(一)水平角定义

从一点发出的两条空间直线在水平面上投影的夹角即二面角,称为水平角。其范围为顺时针 0°~360°。如图 3-1 所示水平角 $\angle AOB=\beta$。

测角仪器用来测量角度的必要条件是:

(1)仪器的中心必须位于角顶的铅垂线上。

(2)照准部设备(望远镜)要能上下、左右转动,上下转动时所形成的是竖直面。

(3)要一个有刻划的度盘,并能安置成水平位置。

(4)要有读数设备,读取投影方向的读数。

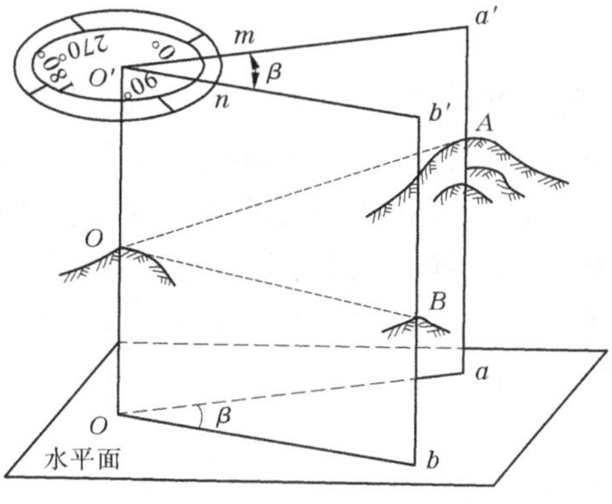

图 3-1　水平角

(二)竖直角定义

在同一竖直面内,目标视线与水平线的夹角,称为竖直角。其范围为-90°~+90°。当视线位于水平线之上时,竖直角为正,称为仰角;当视线位于水平线之下时,竖直角为负,称为俯角。

二、光学经纬仪的使用

经纬仪是测量角度的仪器。按其精度分,有 DJ_6、DJ_2 两种。下角 6、2 表示一测回方向观测中误差分别为 6″、2″。

经纬仪的代号:DJ_1、DJ_2、DJ_6、DJ_{10} 等,“D”和“J”分别为大地测量和经纬仪的汉语拼音第一个字母,“6”和“2”为仪器的精密度,测回方向观测中误差不超过±6″和±2″,在工程

中常用 DJ_2、DJ_6 型经纬仪，一般简称 J_2、J_6 经纬仪。

（一）DJ_6 光学经纬仪的构造及读数

经纬仪的基本构造包括照准部、水平度盘、基座三部分。

1. 照准部

照准部主要部件有望远镜、管水准器、竖直度盘、读数设备等。望远镜由物镜、目镜、十字丝分划板、调焦透镜组成。望远镜的主要作用是照准目标，望远镜与横轴固连在一起，由望远镜制动螺旋和微动螺旋控制其做上下转动。照准部可绕竖轴在水平方向转动，由照准部制动螺旋和微动螺旋控制其水平转动。照准部水准管用于精确整平仪器。竖直度盘是为了测竖直角而设置的，可随望远镜一起转动。另设竖盘指标自动补偿器装置和开关，借助自动补偿器使读数指标处于正确位置。读数设备，通过一系列光学棱镜将水平度盘和竖直度盘及测微器的分划都显示在读数显微镜内，通过仪器反光镜将光线反射到仪器内部，以便读取度盘读数。

另外，为了能将竖轴中心线安置在过测站点的铅垂线上，在经纬仪上都设有对点装置。一般光学经纬仪都设置有垂球对点装置或光学对点装置，垂球对点装置是在中心螺旋下面装有垂球挂钩，将垂球挂在钩上即可；光学对点装置是通过安装在旋转轴中心的转向棱镜，将地面点成像在对点分划板上，通过对中目镜放大，同时看到地面点和对点分划板的影像，若地面点位于对点分划板刻划中心，并且水准管气泡居中，则说明仪器中心与地面点位于同一铅垂线上。

2. 水平度盘

水平度盘是一个光学玻璃圆环，圆环上按顺时针刻划注记 0°～360°分划线，主要用来测量水平角。观测水平角时，经常需要将某个起始方向的读数配置为预先指定的数值，称为水平度盘的配置，水平度盘的配置机构有复测机构和拨盘机构两种类型，北光仪器采用的是拨盘机构，当转动拨盘机构变换手轮时，水平度盘随之转动，水平读数发生变化，而照准部不动，当压住度盘变换手轮下的保险手柄，可将度盘变换手轮向里推进并转动，即可将度盘转动到需要的读数位置上。

3. 基座

基座主要由轴座、圆水准器、脚螺旋和连接板组成。轴座是支撑仪器的底座，照准部同水平度盘一起插入轴座，用固定螺丝固定。圆水准器用于粗略整平仪器。三个脚螺旋用于整平仪器，从而使竖轴竖直，水平度盘水平。连接板用于将仪器稳固地连接在三脚架上。

4. 读数方法

如图 3-2 所示，DJ_6 光学经纬仪一般采用分微尺读数。在读数显微镜内，可以同时看到水平度盘和竖直度盘的像。注有“H”字样的是水平度盘，注有“V”字样的是竖直度盘，在水平度盘和竖直度盘上，相邻两分划线间的弧长所对的圆心角称为度盘的分划值。DJ_6 经纬仪分划值为 1°，按顺时针方向每度注有度数，小于 1°的读数在分微尺上读取。读数窗内的分微尺有 60 小格（见图 3-3），其长度等于度盘上间隔为 1°的两根分划线在读数窗中的影像长度。因此，测微尺上一小格的分划值为 1′，可估读到 0.1′，分微尺上的零分划线为读数指标线。

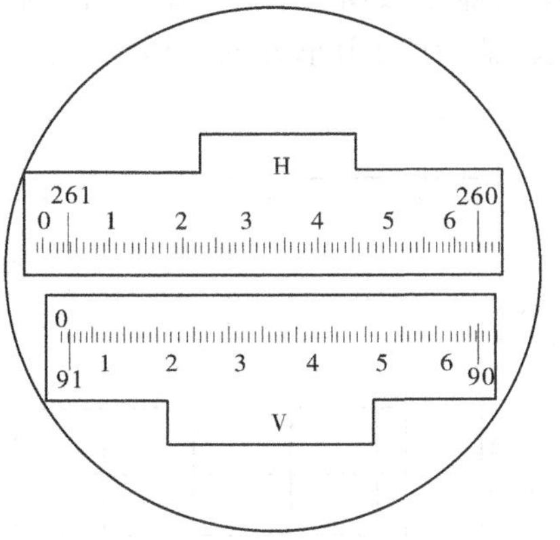

图 3-2 望远镜读数窗

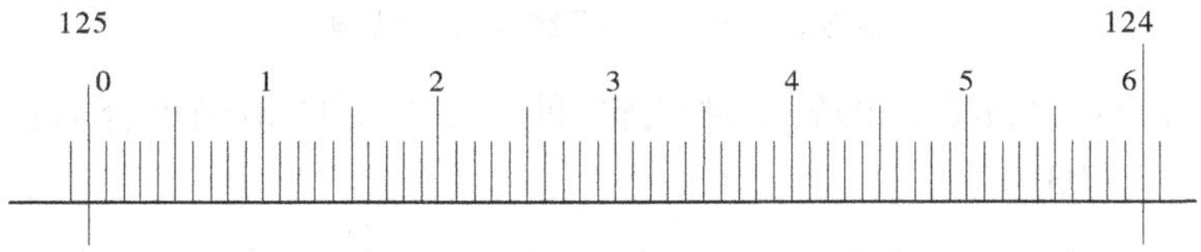

图 3-3 水平度盘分微尺读数

读数方法:瞄准目标后,将反光镜掀开,使读数显微镜内光线适中,然后转动、调节读数窗口的目镜调焦螺旋,使分划线清晰,并消除视差,直接读取度盘分划线注记读数及分微尺上 0 指标线到度盘分划线读数,两数相加,即得该目标方向的度盘读数,采用分微尺读数方法简单、直观。如图 3-4 所示,水平度盘读数为 125°13′12″。

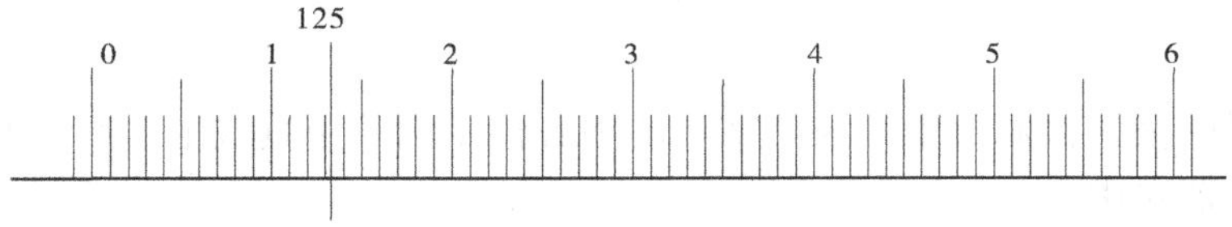

图 3-4 水平度盘读数

(二) DJ_2 光学经纬仪的构造及读数

1. DJ_2 光学经纬仪的构造

与 DJ_6 光学经纬仪相比,DJ_2 光学经纬仪增加了:①测微轮。用于读数时,对径分划线影像符合。②换像手轮。用于水平读数和竖直读数间的互换。③竖直读盘反光镜。竖直读数时反光。

2. DJ_2 光学经纬仪的读数方法

在读数窗内一次只能看到一个度盘的影像。读数时,可通过转动换像手轮,转换所需要的度盘影像,以免读错度盘。在手轮面上,当刻线处于水平位置时,显示水平度盘影像;当刻线处于竖直位置时,显示竖直度盘影像。可采用数字式读数装置使读数简化,如图 3-5 所示,上窗数字为度数,读数窗上突出小方框中所注数字为整 10′,中间的小窗为分划线符合窗，下方的小窗为测微器读数窗，读数时瞄准目标后，转动测微轮使度盘与对径分划线重合，度数由上窗读取，整 10′数由小方框中数字读取，小于 10′的由下方小窗中读取，读数为 120°24′54.8″。

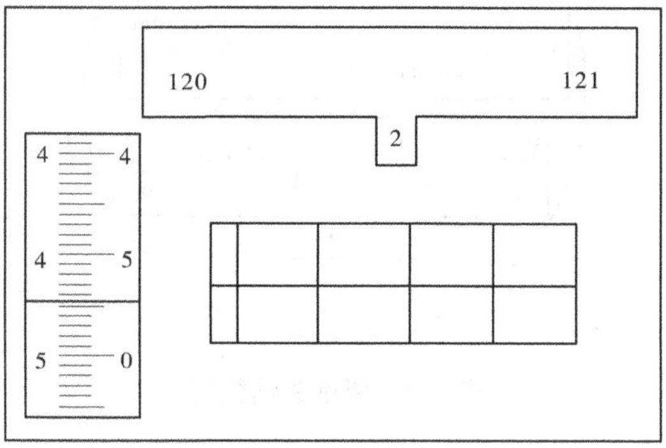

图 3-5　DJ_2 光学经纬仪数字读数

一般采用对径重合读数法即转动测微轮，使上下分划线精确重合后读数。如图 3-6 所示，读数为 30°23′03.8″。

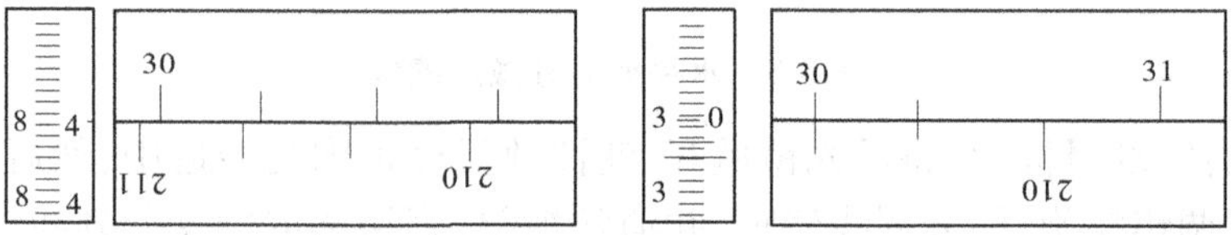

图 3-6　读数方法

三、经纬仪的安置

（一）对中

对中的目的是使仪器的中心与测站点的中心位于同一铅垂线上。对中时可以使用垂球或光学对点器对中。

（二）整平

整平的目的是使仪器的竖轴处于铅垂位置，水平度盘处于水平状态，经纬仪的整平是通过调节脚螺旋，以照准部水准管为标准来进行的。

（三）光学对点器的经纬仪安置

对于具有光学对点器的经纬仪，其对中和整平是互相影响的，应交替进行，直至对中、整平均满足要求。

具体操作方法如下：

（1）将三脚架安置于测站点上，目估使架头大致水平，同时注意仪器高度要适中，安上仪器，拧紧中心螺旋，转动目镜调整螺旋使光学对点器中心圈清晰，再拉伸镜筒，使测站点成像清晰，然后将一个架腿插入地面固定，用两手把握住另外两个架腿，并移动这两个架腿，直至测站点的中心位于圆圈的内边缘处或中心，停止转动脚架并将其踩实。注意基座面要基本水平。

(2)调节脚螺旋,使测站点中心处于圆圈中心位置。

(3)伸缩架腿,使圆水准器气泡居中。

(4)调节脚螺旋,使管水准器气泡居中。

整平是利用基座上的三个脚螺旋,使照准部管水准器在相互垂直的两个方向上的气泡都居中,具体做法如下:转动仪器照准部,使管水准器平行于任意两个脚螺旋的连线方向,两手同时向内或向外旋转这两个脚螺旋,使气泡居中,然后将照准部旋转90°,调节第3个脚螺旋,使气泡居中。如此反复进行,直至照准部管水准器在任意位置气泡均居中为止。

(5)检查测站点是否位于圆圈中心,若相差很小,可轻轻平移基座,使其精确对中(注意仪器不可在基座面上转动),如此反复操作直到仪器对中和整平均满足要求为止。精度要求:对中≤±3 mm,整平≤1格。

(四)照准和读数

测角时要照准目标,目标一般是竖立于地面上的标杆、测钎或觇牌。测水平角时,以望远镜的十字丝的纵丝照准目标,操作方法是用光学瞄准器粗略瞄准目标,进行目镜对光,使十字丝清晰,调节物镜对光螺旋,使成像清晰,并注意消除视差的影响。准确照准目标用十字丝的单丝和垂线重合、用垂线平分十字丝双丝。若为标杆、测钎等粗目标,用十字丝的单丝平分目标,目标位于双丝中央。最后按照前面所述的读数方法来进行读数。

(五)对点

测点通常以打入地面木桩上的小钉作为标志,测量时,由于距离远、地面起伏及植被的遮挡,不能直接从望远镜观看到小钉,需要用线锤、测钎、花杆、铅笔竖立在小钉的铅垂线上供仪器照准,这项工作称为对点。对点的方法一般分三种,即花杆对点法、测钎或铅笔对点法和线锤对点法。应根据距离情况选用合适的方法。

1. 花杆对点法

这种方法一般用于远距离对点,对点时花杆应竖直,对点者端正地面向司镜者,两脚分开与肩平齐,手握花杆上半截,这样可使花杆依靠自重直立于桩上测点,并使花杆铁尖离开铁钉少许,以保证对点正确。

2. 测钎或铅笔对点法

这种方法一般在地面平坦,没有杂草阻碍视线,从望远镜中能直接看到测钎或铅笔尖时使用,测钎或铅笔尖要竖直。因目标为深色,在光线较暗,距离较远时往往模糊不清,可在测钎后方用白纸衬托,以便使照准目标清晰。

3. 线锤对点法

线锤对点法是施工现场最常用、最准确的方法,以下介绍几种常用方法:

(1)使用线锤架对点。

简易线锤架制作方法:将三根细竹竿上端用细绳捆扎,杈开下端即成,中间吊一线锤移动竹竿使线锤尖对准测点。此法准确、平稳,用于对点次数较多的点。

(2)单手吊挂线锤对点。

将花杆斜插在测站与测点连线方向的一侧(左或右)30~50 cm 的地上,使花杆与地面约成45°交角,用手的四指夹握在花杆上,用拇指吊挂线锤,使线锤尖对准桩上小钉,照准垂线一刹那，迅速照准垂线。

(3)两手合执线锤对点。

面对仪器坐在测点后方，两肘放在两膝上，两手合执线锤弦线，使线锤尖对准桩上小钉，对准测点中心的瞬间应全神贯注，暂屏呼吸，防止垂线摆动。

任务二　角度测量

水平角的测量方法是根据测量工作的精度要求、观测目标的多少及所用的仪器而定的，一般分测回法和方向观测法两种。

一、测回法

测回法适用于在一个测站有两个观测方向的水平角观测，如图 3-7 所示，设要观测的水平角为∠*AOB*，先在目标点 *A*、*B* 设置观测标志，在测站点 *O* 安置经纬仪，然后分别瞄准 *A*、*B* 两目标点进行读数，水平度盘两个读数之差即为要测的水平角，为了消除水平角观测中的某些误差，通常对同一角度要进行盘左和盘右两个盘位观测（观测者对着望远镜目镜时，竖盘位于望远镜左侧，称盘左又称正镜；当竖盘位于望远镜右侧时，称盘右又称倒镜）。盘左位置观测，称为上半测回；盘右位置观测，称为下半测回，上下两个半测回合称为一个测回。

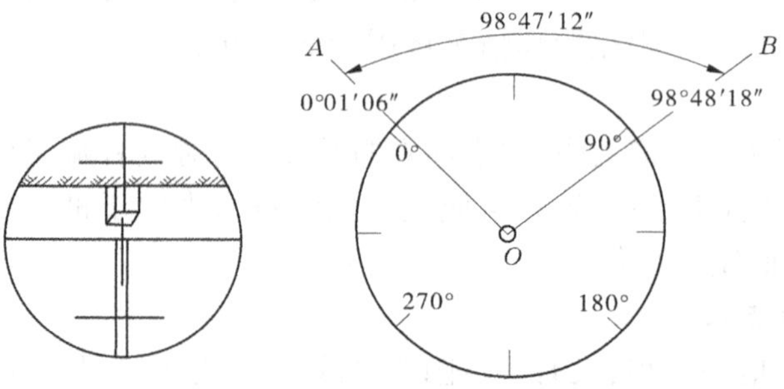

图 3-7　经纬仪瞄准目标及测回法观测水平角

具体步骤如下：

(1)安置仪器于测站点 *O* 上，对中、整平。

(2)盘左位置瞄准 *A* 目标，读取水平度盘读数为 a_1，设为 128°06′36″ 记入记录手簿表 3-1 盘左 *A* 目标水平度盘读数一栏。

(3)松开制动螺旋，顺时针方向转动照准部，瞄准 *B* 点，读取水平度盘读数为 b_1，设为 217°58′48″，记入记录手簿表 3-1 盘左 *B* 目标水平度盘读数一栏。此时完成上半个测回的观测，即

$$\beta_{左} = b_1 - a_1 \tag{3-1}$$

(4)松开制动螺旋,倒转望远镜成盘右位置,瞄准 B 点,读取水平度盘的读数为 b_2,设为 37°58′42″,记入记录手簿表 3-1 盘右 B 目标水平度盘读数一栏。

表 3-1　水平角观测记录(测回法)

测站	盘位	目标	水平度盘读数 (°　′　″)	水平角	
				半测回角值 (°　′　″)	测回值 (°　′　″)
O	左	A	128　06　36	89　52　12	89　41　06
		B	217　58　48		
	右	B	37　58　42	90　08　00	
		A	308　06　42		

(5)松开制动螺旋,顺时针方向转动照准部,瞄准 A 点,读取水平度盘读数为 a_2,设为 308°06′42″,记入记录手簿表 3-1 盘右 A 目标水平读数一栏。此时完成下半个测回观测,即

$$\beta_{右} = b_2 - a_2 \tag{3-2}$$

上下两个半测回合称为一个测回,取盘左、盘右所得角值的算术平均值作为该角的一测回角值,即

$$\beta = \frac{\beta_{左} + \beta_{右}}{2} \tag{3-3}$$

测回法的限差规定:一是两个半测回角值较差;二是各测回角值较差。对于精度要求不同的水平角,有不同的规定限差。当要求提高测角精度时,往往要观测 n 个测回,每个测回可按变动值概略公式$\frac{180°}{n}$的差数改变度盘起始读数,其中 n 为测回数,例如测回数 $n=4$,则各测回的起始方向读数应等于或略大于 0°、45°、90°、135°,这样做的主要目的是减弱度盘刻划不均匀造成的误差。

若要观测 n 个测回,为减少度盘分划误差,各测回间应按$\frac{180°}{n}$的差值来配置水平度盘。

二、方向观测法

当一个测站有 3 个或 3 个以上的观测方向时,应采用方向观测法进行水平角观测。方向观测法是以所选定的起始方向(零方向)开始,依次观测各方向相对于起始方向的水平角值,也称方向值。两任意方向值之差,就是这两个方向之间的水平角值。如图 3-8 所示,为 3 个观测方向,需

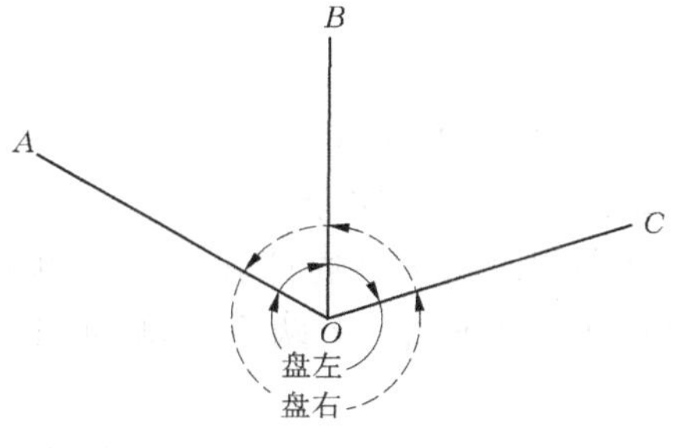

图 3-8　方向观测法

采用方向观测法进行观测,现就其观测、记录、计算及精度要求做如下介绍。

(一)观测步骤

(1)安置经纬仪于测站点 O,对中、整平。

(2)盘左位置瞄准起始方向(也称零方向)A 点,并配置水平度盘读数使其略大于 0°,读取 A 方向水平度盘读数,同样以顺时针方向转动照准部,依次瞄准 B、C 点读数,为了检查水平度盘在观测过程中有无带动,最后再一次瞄准 A 点读数,称为归零。

每一次照准要求测微器两次重合读数,将方向读数按观测顺序自上而下记入观测记录表 3-2。以上称为上半测回。

表 3-2 水平角观测记录(方向观测法)

测站	测回数	目标	水平度盘读数		平均读数 (° ′ ″)	方向值 (° ′ ″)	归零方向值 (° ′ ″)	角值 (° ′ ″)
			盘左 (° ′ ″)	盘右 (° ′ ″)				
1	2	3	4	5	6	7	8	9
M	1	A	00 01 06	180 01 24	00 01 15	00 01 14	00 00 00	69 19 13
		B	69 20 30	249 20 24	69 20 27		69 19 13	55 31 00
		C	124 51 24	304 51 30	124 51 27		124 50 13	
		A	00 01 12	180 01 14	00 01 13			

(3)盘右位置瞄准 A 点读取水平度盘的读数,逆时针方向转动照准部,依次瞄准 B、C、A 点,将方向读数按观测顺序自下而上记入观测记录表 3-2。

以上称为下半测回。

上、下两个半测回合称为一个测回。需要观测多个测回时,各测回间应按 $\frac{180°}{n}$ 变换度盘位置。精密测角时,每个测回照准起始方向时,应改变度盘和测微盘位置的读数,使读数均匀分布在整个度盘和测微盘上。安置方法:照准目标后,用测微轮安置分、秒数,转动拨盘手轮安置整度及整 10′的数。然后将拨盘手轮弹起即可。例如用 DJ_2 仪器时,各测回起始方向的安置读数按式(3-4)计算。

$$R=\frac{180°}{n}(i-1)+10(i-1)+\frac{600''}{n}\left(i-\frac{1}{2}\right) \tag{3-4}$$

式中 n——总测回数;

i——该测回序数。

(二)计算方法与步骤

(1)半测回归零差的计算。每半测回零方向有两个读数,它们的差值称为归零差。表 3-2 中第一测回上、下两个半测回归零差分别为盘左 12″-06″=+6″,盘右 18″-24″=-06″。

(2)计算一个测回各方向的平均读数。平均值=[盘左读数+(盘右读数±180°)]/2。例如,B 方向平均读数=[69°20′30″+(249°20′24″-180°)]/2=69°20′27″。

(3)计算起始方向值。两个 A 方向的平均值(00°01′15″+00°01′13″)/2=00°01′14″。

(4)计算归零后方向值:将各方向平均值分别减去零方向平均值,即得各方向归零方向值。注意:零方向观测两次,应将平均值再取平均。例如:B 方向归零方向值=69°20′27″-00°01′14″=69°19′13″。

任务三 竖直角观测的方法

一、竖直角测角原理

(一)竖直角概念

竖直角是指某一方向与其在同一铅垂面内的水平线所夹的角度。由图 3-9 可知,同一铅垂面上,空间方向线 AB 和水平线所夹的角 α 就是 AB 方向与水平线的竖直角,若方向线在水平线之上,竖直角为仰角,用"$+\alpha$"表示,若方向线在水平线之下,竖直角为俯角,用"$-\alpha$"表示。其角值范围 0°~90°。

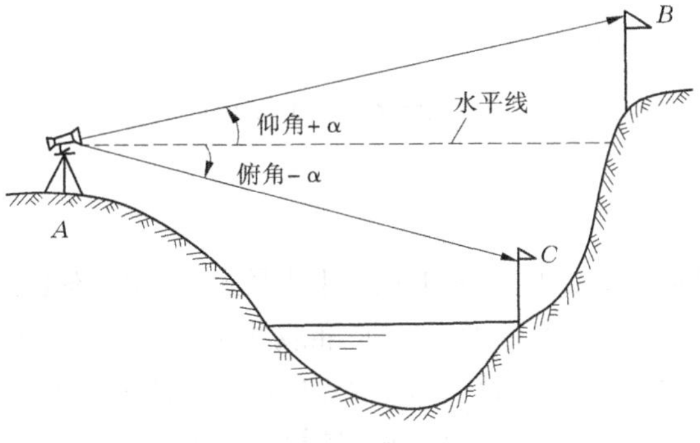

图 3-9 竖直角

(二)竖直角测量的原理

在望远镜横轴的一端竖直设置一个刻度盘(竖直度盘),竖直度盘中心与望远镜横轴中心重合,度盘平面与横轴轴线垂直,视线水平时指标线为一固定读数,当望远镜瞄准目标时,竖盘随着转动,则望远镜照准目标的方向线读数与水平方向上的固定读数之差为竖直角。

根据上述测量水平角和竖直角的要求,而设计制造的一种测角仪器称为经纬仪。

二、竖直度盘的构造

竖直度盘是固定安装在望远镜旋转轴(横轴)的一端,其刻划中心与横轴的旋转中心重合,所以在望远镜做竖直方向旋转时,度盘也随之转动。分微尺的零分划线作为读数指标线相对于转动的竖直度盘是固定不动的。根据竖直角的测量原理,竖直角 α 是视线读数与水平线的读数之差,水平方向线的读数是固定数值,所以当竖直度盘转动在不同位置时用读数指标读取视线读数,就可以计算出竖直角。

竖直度盘的刻划有全圆顺时针和全圆逆时针两种,如图 3-10 所示为盘左位置,图 3-10(a)为全圆逆时针方向注字,图 3-10(b)为全圆顺时针方向注字。当视线水平时指标线所指的盘左读数为 90°,盘右读数为 270°,对于竖直度盘指标的要求是,始终能够读出与竖直度盘刻划中心在同一铅垂线上的竖直度盘读数,为了满足这一个要求,早期的光学经纬仪多采用水准管竖盘结构,这种结构将读数指标与竖盘水准管固定连接在一起,转动竖盘水准管定平螺旋,使气泡居中,读数指标处于正确位置,可以读数。现代的仪器则采用自动补偿器竖盘结构,这种结构是借助一组棱镜的折射原理,自动使读数指标处于正确位置,也称为自动归零装置。整平和瞄准目标后,能立即读数,因此操作简便、读数准确、速度快。

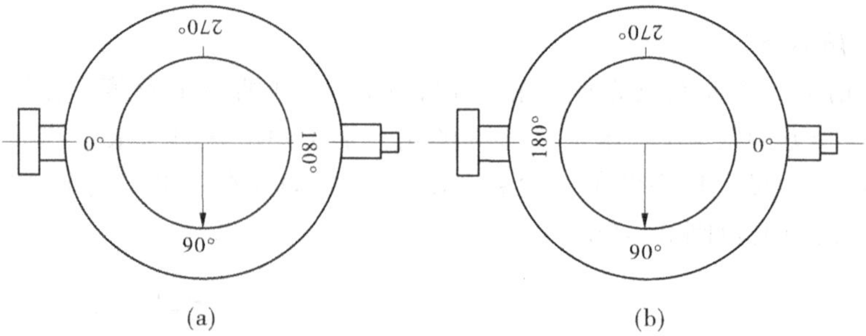

图 3-10　竖直度盘的注记形式

三、竖直角观测

(1)安置仪器于测站点 O,对中、整平后,打开竖盘自动归零装置。

(2)盘左位置瞄准 A 点,用十字丝横丝照准或相切目标点,读取竖直度盘的读数 L,设为 48°17′36″,记入观测记录表 3-3,这样就完成了上半个测回的观测。

表 3-3　竖直角观测记录

测站	目标	盘位	竖盘读数 (°　′　″)	半测回竖直角 (°　′　″)	指标差 (″)	一测回竖直角 (°　′　″)
O	A	左	48　17　36	41　42　24	12	41　42　36
		右	311　42　48	41　42　48		
	B	左	98　28　40	−8　28　40	−13	−8　28　53
		右	261　30　54	−8　29　06		

(3)将望远镜倒镜变成盘右,瞄准 A 点读取竖直度盘的读数 R,设为 311°42′48″,记入观测记录表 3-3,这样就完成了下半个测回的观测。

(4)上、下两个半测回合称为一个测回,根据需要进行多个测回的观测。

四、竖直角的计算

竖直角是指某一方向与其在同一铅垂面内的水平线所夹的角度，则视线方向读数与水平线读数之差即为竖直角值。其水平线读数为一固定值，实际只需观测目标方向的竖盘读数。度盘的刻划注记形式不同，用不同盘位进行观测，视线水平时读数不相同，因此竖直角计算应根据不同度盘的刻划注记形式相对应的计算公式计算所测目标的竖直角。下面以顺时针方向注字形式说明竖直角的计算方法及如何确定计算式。

如图 3-11 所示，盘左位置，视线水平时读数为 90°。望远镜上仰视线向上倾斜，指标处读数减小，根据竖直角定义仰角为正，则盘左时竖直角计算公式为式(3-5)，如果 $L>90°$，竖直角为负值，表示是俯角。盘右位置，视线水平时读数为 270°。望远镜上仰，视线向上倾斜，指标处读数增大，根据竖直角定义仰角为正，则盘右时竖直角计算公式为式(3-6)，如果 $R<270°$，竖直角为负值，表示是俯角。

$$\alpha_L = 90° - L \tag{3-5}$$

$$\alpha_R = R - 270° \tag{3-6}$$

式中 L——盘左竖盘读数；

R——盘右竖盘读数。

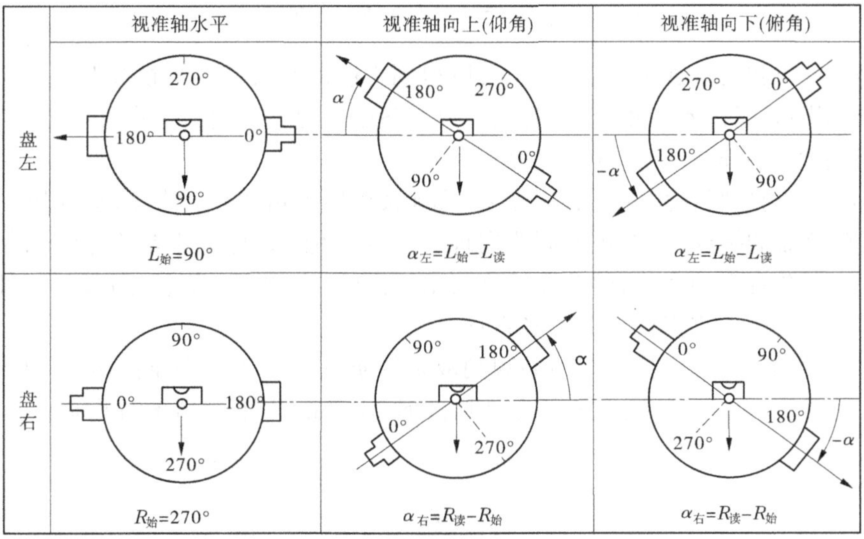

图 3-11 DJ_6 光学经纬仪竖直角的计算法则

为了提高竖直角精度，取盘左、盘右的平均值作为最后结果，如式(3-7)所示。

$$\alpha = \frac{\alpha_L + \alpha_R}{2} = \frac{1}{2}(R - L - 180°) \tag{3-7}$$

同理可推出全圆逆时针刻划注记的竖直角计算公式为式(3-8)、式(3-9)。

$$\alpha_L = L - 90° \tag{3-8}$$

$$\alpha_R == 270° - R \tag{3-9}$$

五、竖盘指标差

上述竖直角计算公式是依据竖盘的构造和注记特点，即视线水平，竖盘自动归零时，竖盘指标应指在正确的读数 90°或 270°上，但因仪器在使用过程中受到震动或者制造上不严密，使指标位置偏移，导致视线水平时的读数与正确读数有一差值，此差值称为竖盘指标差，用 x 表示。由于指标差存在，盘左读数和盘右读数都差了一个 x 值。正确的竖直角应对竖盘读数进行指标差改正，竖直角计算公式为式(3-10)、式(3-11)。

盘左竖直角值：

$$\alpha = 90° - (L - x) = \alpha_L + x \tag{3-10}$$

盘右竖直角值：

$$\alpha = (R - x) - 270° = \alpha_R - x \tag{3-11}$$

将式(3-10)与式(3-11)相加并除以 2 得：

$$\alpha = \frac{\alpha_L + \alpha_R}{2} = \frac{L - R + 180°}{2} \tag{3-12}$$

用盘左、盘右测得竖直角取平均值，可以消除指标差的影响。将式(3-11)与式(3-12)相减得指标差计算公式：

$$x = \frac{\alpha_L - \alpha_R}{2} = \frac{1}{2}(L + R - 360°) \tag{3-13}$$

用单盘位观测时，应加指标差改正，可以得到正确的竖直角。当指标偏移方向与竖盘注记的方向相同时指标差为正，反之为负。以上各公式是按顺时针方向注字形式推导的，同理可推出逆时针方向注记形式计算公式。

由上述可知测量竖直角时，盘左、盘右观测取平均值可以消除指标差对竖直角的影响，对同一台仪器的指标差，在短时间段内理论上为定值，即使受外界条件变化和观测误差的影响，也不会有大的变化，因此在精度要求不高时，先测定 x 值，以后观测时可以用单盘位观测，再加指标差改正得正确的竖直角。

在竖直角测量中，常以指标差检验观测成果的质量，即在观测不同的测回中或不同的目标时，指标差的互差不应超过规定的限制，例如用 DJ_6 经纬仪测量时指标差互差不超过 25″。

模块四

控制测量

测

量

思维导图

- 导线测量
- 导线测量的内业计算
- 高程控制测量

任务一 导线测量

测定控制点的坐标和高程的测量工作称为控制测量，它包括平面控制测量和高程控制测量。平面控制测量包括导线控制测量和小三角测量等；高程控制测量包括水准测量与三角高程测量等。

测量工作必须遵循“从整体到局部”“先控制后碎部”的原则来组织实施。

一、导线测量的概念

导线测量是指测量各导线边的长度和各转折角，根据起算数据，推算各边的坐标方位角，从而求出各导线点的坐标。

二、常用的导线布设形式

常用的导线布设形式有闭合导线、附合导线、支导线，如图 4-1、图 4-2 所示。

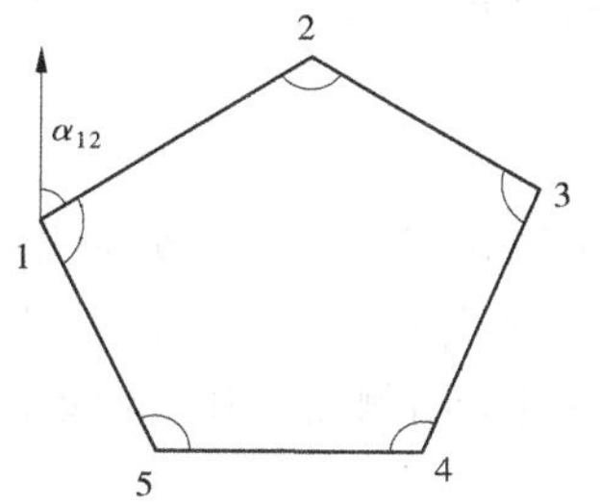

图 4-1 闭合导线示意图

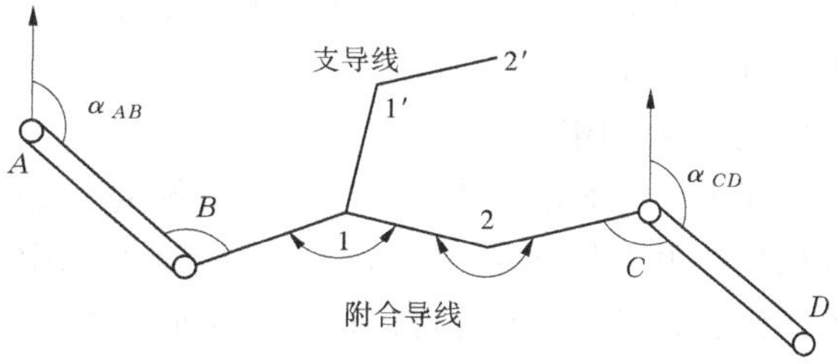

图 4-2 附合导线与支导线示意图

三、导线测量的外业工作

（一）踏勘选点

踏勘选点就是在测区内选定控制点的位置。选点之前应收集测区已有地形图和高一级控制点的成果资料。根据测图要求，确定导线的等级、形式、布置方案。在地形图上拟订导线初步布设方案，再到实地踏勘，选定导线点的位置。若测区范围内无可供参考的地形图，通过踏勘，根据测区范围、地形条件直接在实地拟订导线布设方案，选定导线的位置。导线点的点位选择必须注意以下几个方面：

（1）为了方便测角，相邻导线点间要通视良好，视线远离障碍物，保证成像清晰。

（2）采用光电测距仪测边长，导线边应避开强电磁场和发热体的干扰，测线上不应有树枝、电线等障碍物。四级以上的测线，应离开地面或障碍物 1.3 m 以上。

（3）导线点应埋在地面坚实、不易被破坏处，一般应埋设标石。

（4）导线点要有一定的密度，以便控制整个测区。

（5）导线边长要大致相等，不能悬殊。

导线点埋设后，要在桩上用红油漆写明点名、编号，并用红油漆在固定地物上画一箭头指向导线点，并绘制“点之记”方便寻找导线点。点的标记方法见图 4-3。

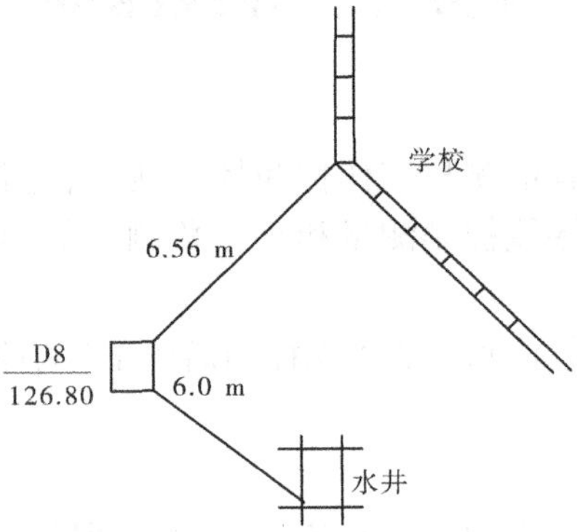

图 4-3　点的标记方法

（二）边长测量

导线边长是指相邻导线点间的水平距离。导线边长测量可采用光电测距仪、普通钢卷尺。采用光电测距仪测量边长的导线又称为光电测距导线，是目前最常用的方法。普通钢卷尺量距时，必须使用经国家测绘机构鉴定的钢尺并对丈量长度进行尺长改正、温度改正和倾斜改正。

（三）角度测量

导线水平角测量主要是导线转折角测量。导线水平角的观测，附合导线按导线前进方向可观测左角或右角；对闭合导线一般是观测多边形内角；支导线无校核条件，要求既观测左角，也观测右角，以便进行校核。导线水平角的观测方法一般采用测回法和方向观测法。

（四）导线定向

导线与高级控制点连接角的测量称为导线定向。其目的是获得起始方位角和坐标起算数据，并能使导线精度得到可靠的校核。如图 4-4 所示，β_B、β_C 为连接角。若测区无高级控制点联测，可假定起始点的坐标，用罗盘仪测定起始边的方位角。

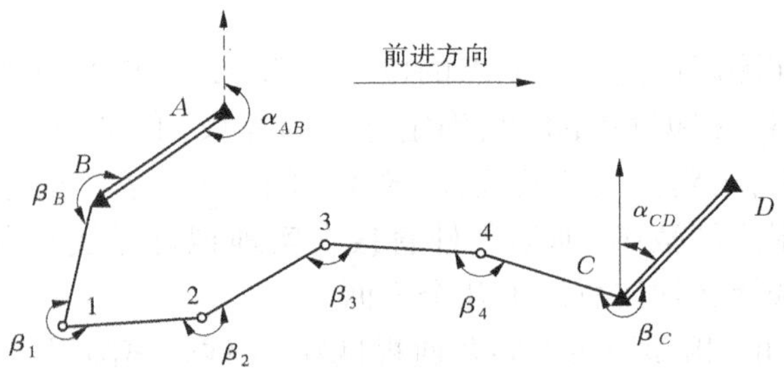

图 4-4　导线定向

任务二　导线测量的内业计算

导线计算的目的是计算出导线点的坐标,计算导线测量的精度是否满足要求。首先要查实起算点的坐标、起始边的方位角,校核外业观测资料,确保外业资料计算正确、合格无误。

一、坐标正算

根据已知点的坐标、已知边长和该边的坐标方位角计算出未知点的坐标,称为坐标正算。如图 4-5 所示,设 A 点为已知点,B 点为未知点,A 点的坐标为(x_A,y_A),AB 的边长为 D_{AB},AB 的坐标方位角为 α_{AB},则 B 点的坐标(x_B,y_B)为:

$$x_B = x_A + \Delta x_{AB} y_B = y_A + \Delta y_{AB} \tag{4-1}$$

式中:$\Delta x_{AB} = x_B - x_A = D_{AB}\cos\alpha_{AB}$;　$\Delta y_{AB} = y_B - y_A = D_{AB}\sin\alpha_{AB}$。

式(4-1)中的 Δx、Δy 均为坐标的增量。

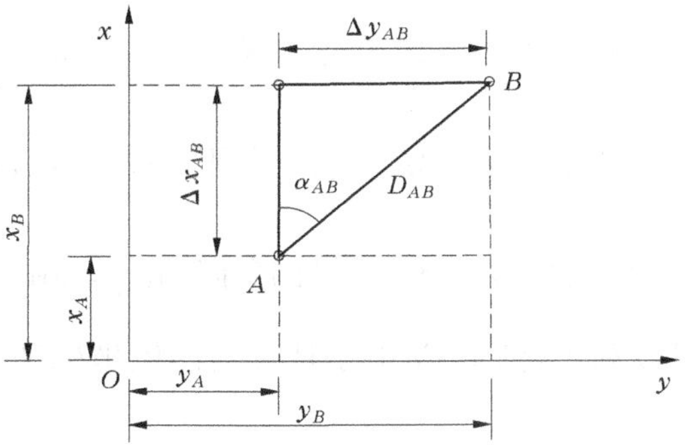

图 4-5　坐标正算示意图

坐标方位角和坐标的增量均带有方向性,当方位角位于第一象限时,坐标的增量均为正值。当坐标方位角位于第二象限时,Δx_{AB} 为负值,Δy_{AB} 为正值。当坐标方位角在第三象限时,Δx_{AB} 为负值,Δy_{AB} 为负值。当坐标方位角在第四象限时,Δx_{AB} 为正值,Δy_{AB} 为负值。

二、坐标反算

根据两个已知点坐标,求该两点间的距离和坐标方位角,称为坐标反算。在点的平面位置放样中利用到这部分知识。

如图 4-5 所示,设 A、B 两点为已知点,其坐标分别为 $A(x_A,y_A)$、$B(x_B,y_B)$,则

$$\tan\alpha_{AB} = \frac{\Delta y_{AB}}{\Delta x_{AB}} \tag{4-2}$$

$$\alpha_{AB}=\arctan\frac{\Delta y_{AB}}{\Delta x_{AB}} \tag{4-3}$$

因此：

$$D_{AB}=\sqrt{\Delta x_{AB}^{2}+\Delta y_{AB}^{2}} \tag{4-4}$$

$$D_{AB}=\frac{\Delta y_{AB}}{\sin\alpha_{AB}}=\frac{\Delta x_{AB}}{\cos\alpha_{AB}} \tag{4-5}$$

因为反正切函数的值域是-90°～+90°，而坐标方位角的取值范围为0°～360°，因此坐标方位角的值，可根据 x 和 y 坐标改变量 Δx_{AB}、Δy_{AB} 的正负号确定导线边所在象限，将反正切角值即象限角换算为坐标方位角。根据所在的象限，求得其方位角 α_{AB}，具体讨论如下：

(1)当 $\Delta x_{AB}>0$，$\Delta y_{AB}=0$ 时，导线边 AB 在 x 轴上，且指向正方向 $\alpha_{AB}=0°$。

(2)当 $\Delta x_{AB}=0$，$\Delta y_{AB}>0$ 时，导线边 AB 在 y 轴上，且指向正方向 $\alpha_{AB}=90°$。

(3)当 $\Delta x_{AB}<0$，$\Delta y_{AB}=0$ 时，导线边 AB 在 x 轴上，且指向正方向 $\alpha_{AB}=180°$。

(4)当 $\Delta x_{AB}=0$，$\Delta y_{AB}<0$ 时，导线边 AB 在 y 轴上，且指向正方向 $\alpha_{AB}=270°$。

(5)当 $\Delta x_{AB}=0$，$\Delta y_{AB}=0$ 时，A、B 两点重合成一点，没有坐标方位角。

(6)当 $\Delta x_{AB}>0$，$\Delta y_{AB}>0$ 时，导线边 AB 在第一象限，$\alpha_{AB}=\arctan\dfrac{\Delta y_{AB}}{\Delta x_{AB}}$。

(7)当 $\Delta x_{AB}<0$，$\Delta y_{AB}>0$ 时，导线边 AB 在第二象限，$\alpha_{AB}=\arctan\dfrac{\Delta y_{AB}}{\Delta x_{AB}}+180°$。

(8)当 $\Delta x_{AB}<0$，$\Delta y_{AB}<0$ 时，导线边 AB 在第三象限，$\alpha_{AB}=\arctan\dfrac{\Delta y_{AB}}{\Delta x_{AB}}+180°$。

(9)当 $\Delta x_{AB}>0$，$\Delta y_{AB}<0$ 时，导线边 AB 在第四象限，$\alpha_{AB}=\arctan\dfrac{\Delta y_{AB}}{\Delta x_{AB}}+360°$。

坐标正算与反算，可以利用普通科学电子计算器的极坐标和直角坐标相互转换功能计算。

三、闭合导线计算

如图4-6所示是实测图根闭合导线示意图，图中各项数据是从外业观测手簿中获得的已知数据：12边的坐标方位角：$\alpha_{12}=125°30'00''$；1点的坐标：$x_1=500.00$，$y_1=500.00$。现结合本例说明闭合导线计算步骤如下：

准备工作：在表4-1中填入已知数据和观测数据。

(1)角度闭合差的计算与调整。

如图4-6所示的各角的内角分别依次填入表4-1中的“观测角”一栏。计算的内角的总和填入最下方。n 边形闭合导线内角和理论值：$\sum\beta_{理}=(n-2)\times180°$。

①角度闭合差的计算：$f_\beta=\sum\beta_{测}-\sum\beta_{理}=\sum\beta_{测}-(n-2)\times180°$。

例：$f_\beta=\sum\beta_{测}-\sum\beta_{理}=\sum\beta_{测}-(n-2)\times180°=359°59'10''-360°=-50''$。

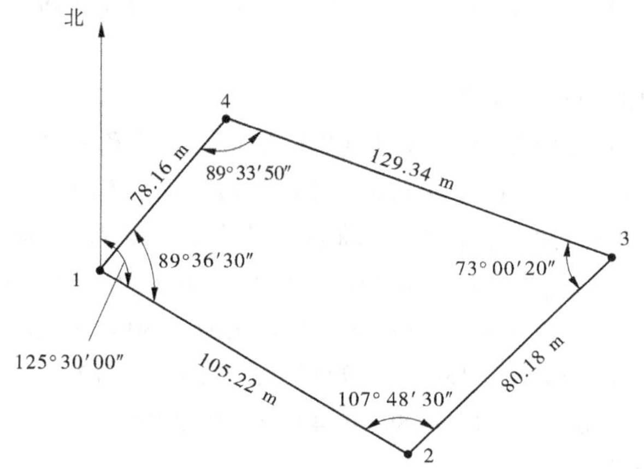

图 4-6 闭合导线计算图

表 4-1 闭合导线坐标计算表

点号	观测角(° ′ ″)	改正数/(″)	改正角(° ′ ″)	坐标方位角 α(° ′ ″)	距离 D/m	坐标增量计算值/m		改正后增量/m		坐标值/m	
						Δx	Δy	Δx	Δy	x	y
1											
2	107 48 30	13	107 48 43	125 30 00	105.22	-61.1	85.66	-61.12	85.68	500	500
3	73 00 20	12	73 00 32	53 18 43	80.18	47.9	64.3	47.88	64.32	438.88	585.68
4	89 33 50	12	89 34 02	306 19 15	129.34	76.61	-104.2	76.58	-104.19	486.76	650
1	89 36 30	13	89 36 43	215 53 17	78.16	-63.32	-45.82	-63.34	-45.81	563.34	545.81
2				125 30 00						500	500
Σ		50			392.9						

②角度容许闭合差的计算。$f_{\beta容} = \pm 60'' \sqrt{n}$（图根导线），若$f_{测} \leqslant f_{容}$，则角度测量符合要求，否则角度测量不合格。首先对计算进行全面检查，若计算没有问题，则应对角度进行重测。由于$f_\beta = -50''$，根据表 4-1 可知，$f_{\beta容} = \pm 60''\sqrt{n} = \pm 120''$，则$f_\beta < f_{\beta容}$，角度测量符合要求。

③角度闭合差 f_β 的调整。假定所有角的观测误差是相等的，角度改正数：$\Delta\beta = -\frac{f_\beta}{n}$（$n$ 为测角个数）。角度改正数计算，按角度闭合差反号平均分配，余数分给短边构成的

角。其检核公式为：$\sum \Delta\beta = -f_\beta$，改正后的角度值检核：$\beta_{改} = \beta_{测} + \Delta\beta_i$，$\sum \beta_{理} = (n-2) \times 180°$。

（2）推算导线各边的坐标方位角。

推算导线各边的坐标方位角公式：根据已知边坐标方位角和改正后的角值推算，式中，$\alpha_{前}$、$\alpha_{后}$ 表示导线前进方向的前一条边的坐标方位角和与之相连的后一条边的坐标方位角。$\beta_{左}$ 为前后两条边所夹的左角，$\beta_{右}$ 为前后两条边所夹的右角，据此，由第一式求得：

$$\alpha_{23} = \alpha_{12} - 180° + \beta_2 = 125°30'00'' - 180° + 107°48'43'' = 53°18'43''$$

$$\alpha_{34} = \alpha_{23} - 180° + 53°18'43'' + 360° = 306°19'15''$$

$$\alpha_{41} = \alpha_{34} - 180° + 89°34'02'' = 215°53'17''$$

$$\alpha'_{12} = \alpha_{41} - 180° + 89°36'43'' = 125°30'00'' = \alpha_{12}$$

填入表 4-1 中的相应位置。

（3）计算导线各边的坐标增量 Δx、Δy：

$\Delta x_i = D_i \cos\alpha_i$，$\Delta y_i = D_i \sin\alpha_i$；$\Delta x_{12} = D_{12}\cos\alpha_{12}$，$\Delta y_{12} = D_{12}\sin\alpha_{12}$。坐标增量的符号取决于12 边的坐标方位角的大小。

（4）坐标增量闭合差的计算根据闭合导线本身的特点：理论上 $\sum \Delta x_{理} = 0$，$\sum \Delta y_{理} = 0$；坐标增量闭合差 $f_x = \sum \Delta x_{测} - \sum \Delta x_{理}$，$f_y = \sum \Delta y_{测} - \sum \Delta y_{理}$；实际上：$f_x = \sum \Delta x_{测}$，$f_y = \sum \Delta y_{测}$。坐标增量闭合差可以认为是由导线边长测量误差引起的。

（5）导线边长精度的评定。

f_x、f_y 的存在，使导线不能闭合，产生了导线全长闭合差 11′，即 $f_D = \sqrt{f_x^2 + f_y^2}$。

导线全长相对闭合差：$K = \dfrac{f_D}{\sum D} = \dfrac{1}{\dfrac{\sum D}{f_D}}$。

限差：用 $K_{容}$ 表示，当 $K \leqslant K_{容}$ 时，导线边长丈量符合要求。

（6）坐标增量闭合差的调整。

调整：将坐标增量闭合差按边长成正比例反号进行调整。

坐标增量改正数：$\nu_{xi} = -\dfrac{f_x}{\sum D} \times D_i$，　$\nu_{yi} = -\dfrac{f_y}{\sum D} \times D_i$。

检核条件：$\sum \nu_x = -f_x$，　$\sum \nu_y = -f_y$。12 边增量改正数计算如下：

$$f_x = +0.09;\quad f_y = -0.07;\quad \sum D = 392.9\ \text{m};\quad D_{12} = 105.22\ \text{m}$$

$$\nu_{x12} = -\frac{0.09}{392.9} \times 105.22 = -0.024 = -0.02(\text{m})$$

$$\nu_{y12} = -\frac{-0.07}{392.9} \times 105.22 = 0.019 = 0.02(\text{m})$$

填入表 4-1 中的相应位置。

（7）计算改正后的坐标增量，见表 4-1。

$$\Delta x_{i改} = \Delta x_i + \nu_{xi},\quad \Delta y_{i改} = \Delta y_i + \nu_{yi}$$

检核条件：$\sum \Delta x = 0$，$\sum \Delta y = 0$。

(8)计算各导线点的坐标值：依次计算各导线点坐标，最后推算出终点1的坐标(应和1点已知坐标相同)。

四、附合导线的计算

附合导线的计算方法和计算步骤与闭合导线计算基本相同，由于已知条件不同，有以下几点不同之处：

图4-7中的A、B、C、D是已知点，起始边的方位角α_{AB}($\alpha_{始}$)和终止边的方位角α_{CD}($\alpha_{终}$)为已知，外业观测资料为导线边距离和各转折角。

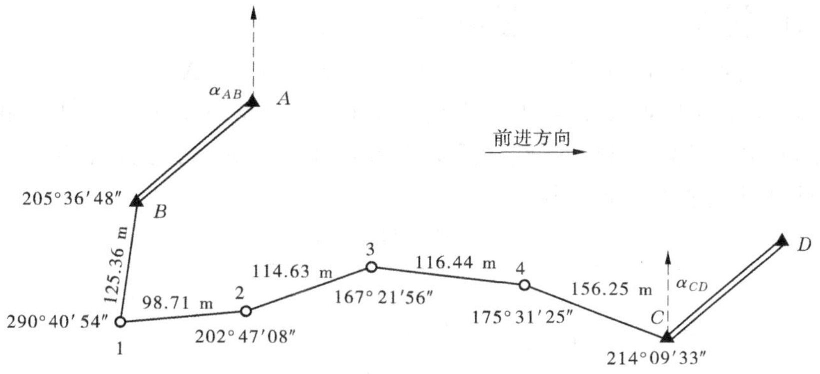

图4-7　附合导线示意图

(1)计算角度闭合差：$f_\beta = \alpha'_{终} - \alpha_{终}$，其中：$\alpha'_{终}$为终边用观测的水平角推算的方位角；$\alpha_{终}$为终边已知的方位角，终边$\alpha$推算的一般公式：$\alpha'_{终} = \alpha_{始} - n \times 180° + \sum \beta_{测}$，$\alpha'_{终} = \alpha_{始} + n \times 180° - \sum \beta_{测}$，终边方位角公式的推算过程如下所列。

$$\begin{aligned}
\alpha_{B1} &= \alpha_{AB} + 180° - \beta_B \\
\alpha_{12} &= \alpha_{B1} + 180° - \beta_1 \\
\alpha_{23} &= \alpha_{12} + 180° - \beta_2 \\
\alpha_{34} &= \alpha_{23} + 180° - \beta_3 \\
\alpha_{4C} &= \alpha_{34} + 180° - \beta_4 \\
+)\ \alpha'_{CD} &= \alpha_{4C} + 180° - \beta_C \\
\hline
\alpha'_{CD} &= \alpha_{AB} + 6 \times 180° - \sum \beta_{测}
\end{aligned}$$

以上推算是以右侧夹角为例，用观测的水平角推算的终边方位角。

(2)测角精度的评定。即$f_\beta = \alpha'_{终} - \alpha_{终}$，检核条件：$f_\beta \leq f_{\beta容}$。

(3)闭合差分配(计算角度改正数)：$\Delta\beta = \pm\frac{f_\beta}{n}$(当附合导线测的是左角，取"−"号，当附合导线测的是右角，取"+"号)，式中，n为包括连接角在内的导线转折角数。

(4)计算坐标增量闭合差：

$$f_x = \sum \Delta x - (x_{终} - x_{始})$$

$$f_y = \sum \Delta y - (y_{终} - y_{始})$$

其中如图 4-7 所示起始点是 B 点，终点是 C 点。f_x、f_y 的存在，使导线不能和 CD 连接，存在导线全长闭合差：$f_D = \sqrt{f_x^2 + f_y^2}$。

导线全长相对闭合差：$K = \dfrac{f_D}{\sum D} = \dfrac{1}{\dfrac{\sum D}{f_D}}$

(5)计算改正后的坐标增量的检核条件。

检核条件：$\sum \Delta x_{改} = x_C - x_B$，$\sum \Delta y_{改} = y_C - y_B$。

(6)计算各导线点的坐标值：$x_{前} = x_{后} + \Delta x_{i改}$，$y_{前} = y_{后} + \Delta y_{i改}$。

依次计算各导线点坐标，最后推算出终点 C 的坐标，应和 C 点已知坐标相同。A、B、C、D 是已知点，外业观测资料为导线边距离和各相邻边的夹角，为右角，数据在图中已经标注出来，计算过程填入表 4-2 中。

表 4-2　附合导线计算表

点号	观测角 (° ′ ″)	改正数/(″)	改正角 (° ′ ″)	坐标方位角 α (° ′ ″)	距离 D/m	坐标增量计算值/m		改正后增量/m		坐标值/m	
						Δx	Δy	Δx	Δy	x	y
A											
B	205 36 48	-13	250 36 35	236 44 29	125. 36	-107. 31	-64. 81	-107. 27	-64. 83	1 536. 86	873. 54
1	290 40 54	-12	290 40 42	211 07 53	98. 71	-17. 92	97. 12	-17. 89	97. 10	1 429. 59	772. 71
2	202 47 08	-13	202 46 55	100 27 11	114. 63	30. 88	141. 29	30. 92	141. 27	1 411. 7	869. 81
3	167 21 56	-13	167 21 43	77 40 16	116. 44	-0. 63	116. 44	-0. 60	116. 42	1 442. 62	1 011. 09
4	175 31 25	-13	175 31 12	90 18 33	156. 25	-13. 05	155. 7	13. 00	155. 67	1 442. 02	1 127. 5
C	214 09 33	-13	214 09 20	94 47 21						1 429. 02	1 283. 17
D				60 38 01							

任务三　高程控制测量

高程控制测量主要有两种方法：一种是直接测量高程，在精度上又分为四等水准测量与等外水准测量(又称图根水准测量);另一种是间接测量高程,即三角高程测量。

高程控制测量主要是确定控制点的高程。由于高程控制点的高程一般都是用水准测量方法测定的,所以高程控制网一般称为水准网,高程点亦称为水准点。水准网及水准点的埋设见图 4-8。

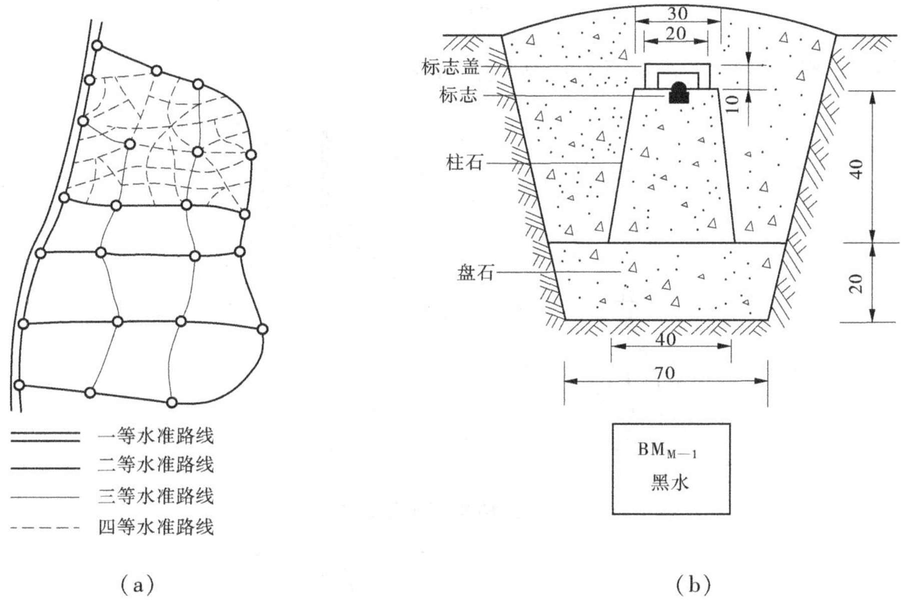

图 4-8　水准网及水准点的埋设　(单位:cm)

为满足地形图测绘和工程施工的需要。高程控制可分别采用三、四等水准测量作为高程控制。小地区高程控制测量包括三、四等水准测量,图根水准测量和三角高程测量。

一、三、四等水准测量的观测方法

(一)双面水准尺

后视水准尺黑面,读取上、下、中丝读数;前视水准尺黑面,读取上、下、中丝读数。前视水准尺红面,读取中丝读数;后视水准尺红面,读取中丝读数。这样的程序是“后—前—前—后”“黑—黑—红—红”。

(二)水准点的高程计算

外业成果经检查无误后,按近似平差或条件平差、间接平差处理数据,计算各水准点的高程,并评定其精度,计算每千米高差全中误差。

二、三角高程测量

(一)三角高程测量原理

三角高程测量的基本思想是根据由测站向目标点观测的竖直角和它们间的斜距 S 或水平距离 D,以及量取的仪器高、目标高,计算两点间的高差。

A、B 两点间的高差:

$$h = D\tan\alpha + i - v + f$$

B 点的高程：

$$H_B = H_A + D\tan\alpha + i - v + f$$

球气差改正：

$$f = 0.43\frac{D^2}{R}$$

三角高程测量及球气差示意见图 4-9、图 4-10。

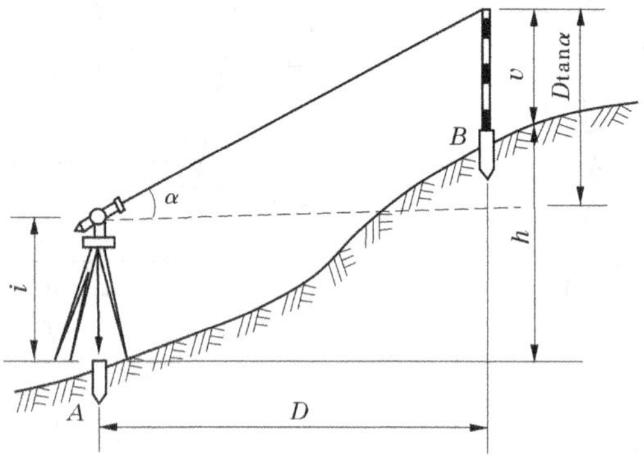

图 4-9　三角高程测量示意图

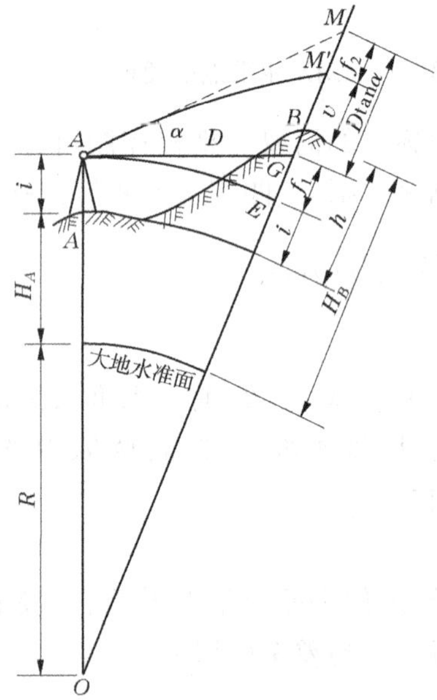

图 4-10　球气差示意图

(二)三角高程测量观测

三角高程测量一般应采用对向观测，即由 A 点向 B 点观测，再由 B 点向 A 点观测，也称为往返测。取双向观测的平均值可以消除地球曲率和大气折光的影响。将光电测距仪安置于测站上，用小钢尺量取仪器高 i、目标高 v(若用对中杆，可直接设置高度)。用中丝照准，测定其斜距，用盘左、盘右观测竖直角。仪器高度、觇标高，应用小钢尺丈量两次，取其平均值精确至 1 mm，对于四等测量水准测量，当较差不大于 2 mm 时，取用平均值；对于五等水准测量，当较差不大于 4 mm 时，取其平均值。

光电测距三角高程测量应采用高一级的水准测量联测一定数量的控制点，作为高程起闭数据。四等水准测量，应起讫于不低于三等水准测量的高程点上，五等水准测量应起讫于不低于四等水准测量的高程点上。其边长均不应超过 1 km，边数不应超过 6 条，当边长小于 0.5 km 时，或单纯进行高程控制时，边数可增加一倍。

三角高程边长的测定，应采用不低于Ⅱ级精度的测距仪。四等水准测量应采用往返各一测回；五等水准测量应采用一个测回。视线竖直角不超过 15°。

使用全站仪进行三角高程测量时，直接选择大气折光系数值，输入仪器高和棱镜高，利用仪器高差测量模式观测。采用正、反双向观测，取其平均值作为 *A*、*B* 两点间的高差。三角高程测量及高差记录见表 4-3。

表 4-3　三角高程测量及高差记录表

项目	*A*、*B* 两点间的高差		*B*、*C* 两点间的高差	
	往	返	往	返
水平距离 D/m	581.38	581.38	488.01	488.01
竖直角 α	11°38′30″	−11°24′00″	6°52′15″	−6°34′30″
仪器高 i/m	1.50	1.49	1.49	1.50
目标高 v/m	2.50	3.00	3.00	2.50
两差改正 f/m	0.02	0.02	0.02	0.02
高差/m	118.71	−118.72	57.28	−57.30
平均高差 h/m	+118.72		+57.29	

模块五

施工测量的基本方法

量
测

思维导图

- 施工放样的基本方法
- 点的平面位置的测设方法
- 建筑施工场地的控制测量

任务一　施工放样的基本方法

一、已知距离的放样

(一)一般方法

往返测设法,如图 5-1 所示,在已知的方向线 AB 上,从 A 点向 B 点测设水平距离 D,定出另一个点 C,使 AC 等于 D,放样方法如下:

(1)在已知方向线 AB 直线上定线。

(2)从 A 点开始沿 AB 方向用钢尺量出水平距离 D,定出 C'点的位置。

(3)再从 C'点返测,回到 A 点。

(4)若误差在容许范围内(1/3 000~1/2 000),取其平均值。

(5)计算出 $\Delta D=D'-D$。

(6)当 ΔD 为正时,则将 C'向 A 点方向移动 ΔD;反之反移,定出 C 点。

(二)精密方法即距离改正法

(1)在 AB 直线上根据设计的水平距离 D 从 A 点开始沿 AB 方向用钢尺量出水平距离 D,大概定出 C'点。

(2)精确测量 AC',并进行尺长、温度和倾斜改正,求出 AC'的精确水平距离 D'。

(3)如果 $\Delta D=D'-D$,则 C'点即为 C 点。

(4)当 ΔD 为正时,则将 C'向 A 点方向移动 ΔD;反之反移,定出 C 点。

距离的放样见图 5-1。

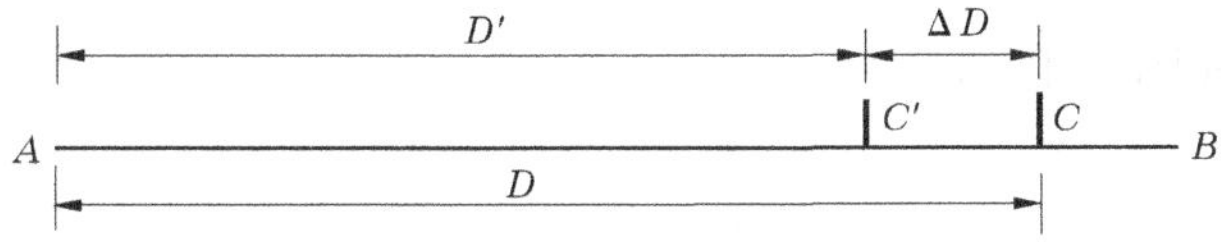

图 5-1　距离的放样

(三)全站仪放样

(1)将全站仪安置在 A 点,瞄准 B 点,并将棱镜安置在 C 点的概略位置。

(2)打开电源,输入各种改正数据,启动放样功能,输入放样距离 D 的值。

(3)放样。根据极差 ΔD,指挥棱镜前后移动直到极差 $\Delta D=0$ 时为止。

(4)在棱镜的位置处钉上木桩,即为 C 点的实际位置。

二、水平角的放样

(一)一般方法

水平角放样的一般方法为即盘左、盘右投点法,如图 5-2 所示,其步骤为:

(1)安置经纬仪于 O 点,盘左瞄准 A 点,度盘置于 00°00′00″。

(2)顺时针转动照准部,使度盘的读数为所要放样的角度值 β,制动并钉桩,在桩上以钉标出 B' 点的位置。

(3)变倒镜瞄准 A 点,同时配置水平度盘读数为 180°。

(4)顺时针转动照准部,使水平度盘变为 $180°+\beta$,制动并在木桩上沿视线方向定出 B''。

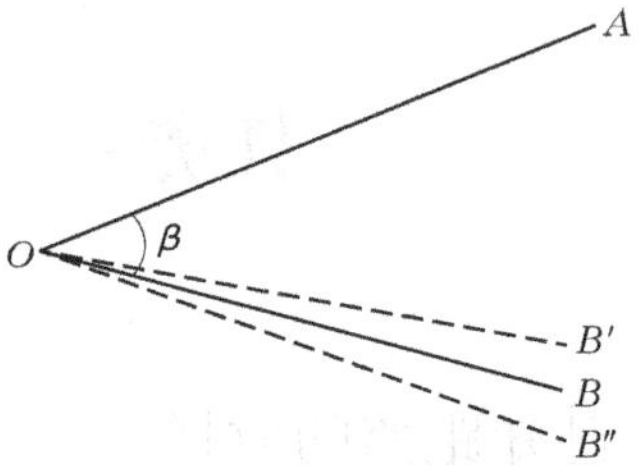

图 5-2　盘左、盘右投点法

(5)若 B' 与 B'' 重合,则为所测设之角 β;否则,取其连线的中点即为所测设之角 β。

(二)精密方法

水平角放样精密方法如图 5-3 所示,其步骤为:

(1)安置经纬仪于 O 点。

(2)用盘左测设 β 角,并在地面上定出 B' 点。

(3)用测回法实测 $\angle AOB'$ 多个测回,测出角值,设为 $\angle AOB'=\beta_1$,并计算出 $\Delta\beta=\beta_1-\beta$。

(4)计算垂直支距 BB', $BB'=OB\tan\Delta\beta\approx OB\dfrac{\Delta\beta}{\rho}$。

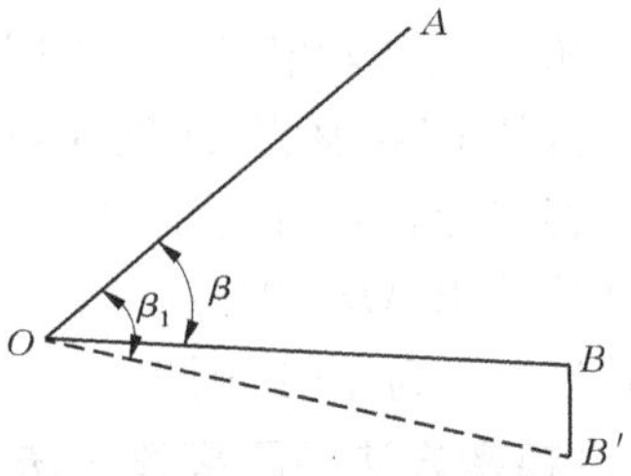

图 5-3　投点测量法(精密法)

(5)过 B' 点作 OB' 的垂线,从 B' 沿垂线方向向内或向外量支距 BB' 定出 B 点,则 $\angle AOB$ 即是所需测设的 β 角。

(三)简易方法

1. 测设直角

(1)勾股弦法,如图 5-4(a)所示。

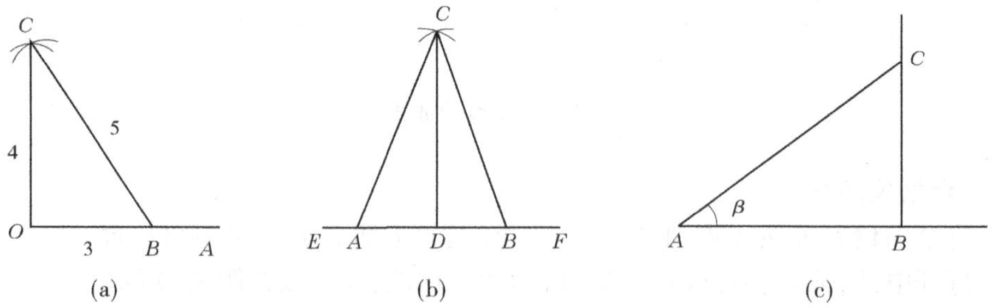

图 5-4　简易方法

(2)等腰直角法,如图 5-4(b)所示。

2. 测设任意角

测设任意角如图 5-4(c)所示。

$$BC=AB\tan\beta$$

三、高程放样

高程放样方法主要分为几何水准测量方法和三角高程测量方法。当测设的高程点精度要求较高或测设点与已知点的高差不大时,宜用几何水准测量方法。当测设高程要求精度一般或测设点与已知点的高差较大时,宜用三角高程测量方法。

(一)水准测量法直接测设高程点

1. 基本原理

如图 5-5 所示,设控制点 A 的高程为 H_A,待测设点 P 的设计高程为 H_P,在合适位置安置仪器,测得 A 点水准尺上的读数为 a,则在 P 点处水准尺的测设读数应为:

$$H_A + a = H_P + b \Rightarrow b = (H_A + a) - H_P \tag{5-1}$$

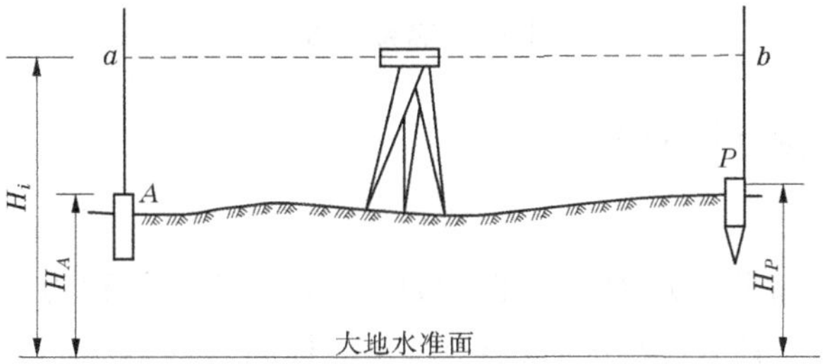

图 5-5 水准测量法高程放样

2. 测设步骤

(1)在合适位置安置仪器,于 A 点立水准尺,读取后视读数 a。

(2)按式(5-1)计算测设读数 b。

将水准尺紧靠在 P 点的木桩上,上下移动尺子,使读数变为前视读数 b 时(注意符号),在水准尺底端的位置处划线即为 P 点的高程位置,并予标记该位置。

(二)水准测量法间接测设高程

1. 基本原理

如图 5-6 所示,设控制点 A 的高程为 H_A,P 点的设计高程为 H_P,因高差 h_{AP} 较大,需要用垂吊钢尺的方法间接测设 P 点。

在地面 1 处安置仪器,在 A 处尺及钢尺上读数分别为 a、m;在基坑内 2 处安置仪器,在钢尺上读数为 n。计算测设元素 b 为:

$$(H_A + a) - (m - n) = H_P + b \Rightarrow b = a - (m - n) - h_{AP} \tag{5-2}$$

然后上下移动水准尺,当读数恰为 b 时,则尺零端的位置即为测设位置。

2. 测设步骤

(1)垂吊钢尺(最好为标准拉力,否则视情况加以改正),并使之稳定。

(2)在合适位置 1、2 处分别安置仪器,并在 A 尺、钢尺上分别读数。

(3)按式(5-2)计算测设读数 b。

(4)在拟定测设的位置处上下移动水准尺,当读数恰为 b 时(注意符号),则尺的零端点位置即为测设位置,并予标记该位置。

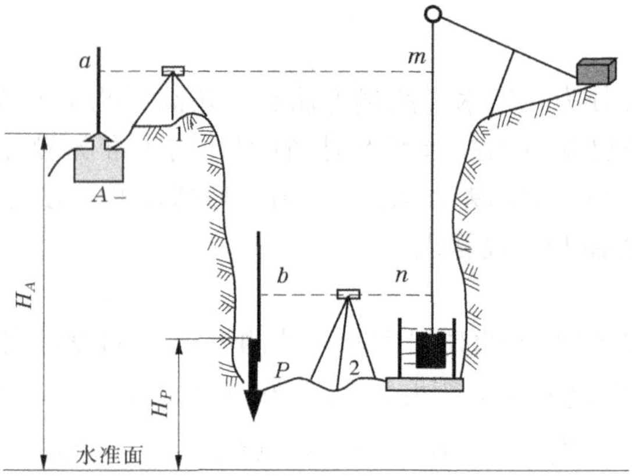

图 5-6 高程的传递

四、三角高程法测设高程

(一)基本原理

如图 5-7 所示,设待测设点 P 的高程为 H_P,已知 A 点的高程为 H_A 。依据测定 A 点至 P 点的水平距离 S、竖直角 α、量取的仪器高 i 及觇标高 v,按式(5-3)式计算 P'点的高程。

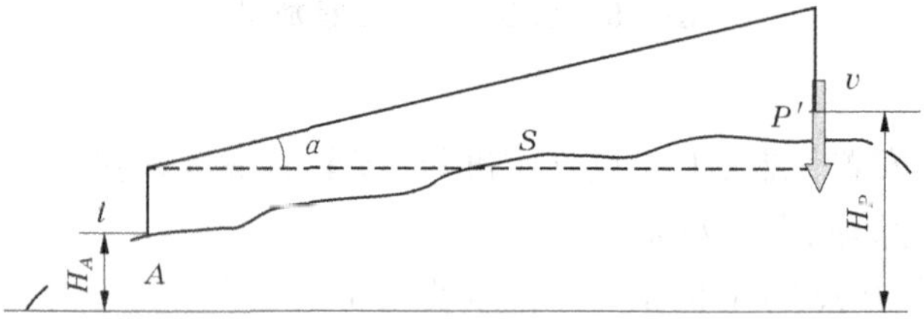

图 5-7 三角高程法测设高程

$$H'_P = S\tan\alpha + i - v + H_A \tag{5-3}$$

将计算的 P'点高程与 P 点的设计高程比较,求其差值 h,再从 P'点量 h 值来确定 P 点。

(二)测设步骤

(1)在 A 点安置经纬仪,测定 A 点至 P 点的水平距离 S 及竖直角 α。

(2)量取仪器高 i 及觇标高 v(测前和测后应分别量取 2~3 次,取平均值为量测值)。

(3)按式(5-3)计算 P'点的高程 H'_P,并计算该高程与设计高程的差 h。

(4)从 P'点起量 h 确定 P 点位置。

(5)测设完后再测 P 点高程,检查是否合格。

五、测设坡度线

(一)基本原理

测设坡度的方法很多,有水准仪法、经纬仪法等,如图 5-8 所示。设坡度线起点为 E,

设计坡度为 $i\%$，每 ΔS 测设一个坡度点 j，则各点相对于 E 点的高差为 $S_j \times i\%$。在合适位置处安置水准仪，并在 E 点水准尺上读数，设为 a，则在 j 点水准尺上的测设读数 b_j 为：

$$H_E + a = H_j + b_j$$

$$b = a + (H_E - H_j) = a - h_{Ej} = a - S_j \times i\% \tag{5-4}$$

式中　S_j——j 点至 E 点的水平距离。

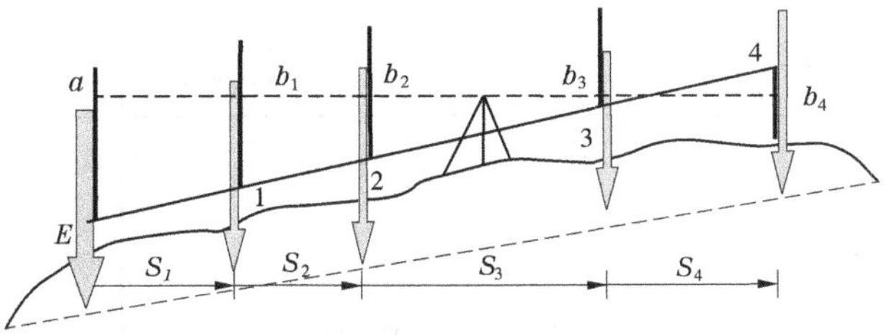

图 5-8　水准仪法测设坡度

当测设读数 $b_j<0$ 时，说明视线低于坡度线，通常水准尺（或手钢尺等）要倒立测设，则尺零端点的位置即为测设位置，并予标记该位置。测设完后检查各点是否共线（抽查点或挂线）。

（二）用经纬仪仪器高法测放坡度

用经纬仪仪器高法测放坡度如图 5-9 所示。

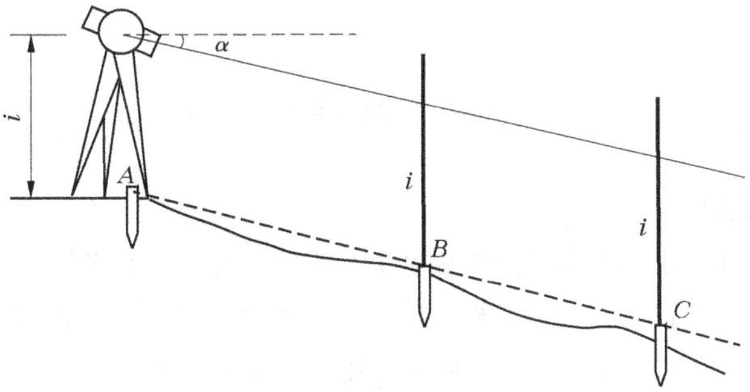

图 5-9　经纬仪仪器高法测放坡度

放样方法：根据竖直角 α，拨出倾斜视线，量出视线高 i，当视线在水准尺上的读数为 i 时，直线 ABC 就是所求的坡度线。

任务二　点的平面位置的测设方法

点的平面位置的测设方法有直角坐标法、极坐标法、角度交会法和距离交会法。至于采用哪种方法，应根据控制网的形式、地形情况、现场条件及精度要求等因素确定。

一、直角坐标法

直角坐标法是根据直角坐标原理，利用纵横坐标之差，测设点的平面位置，如图 5-10 所示。直角坐标法适用于施工控制网为建筑方格网或建筑基线的形式，且量距方便的建筑施工场地。

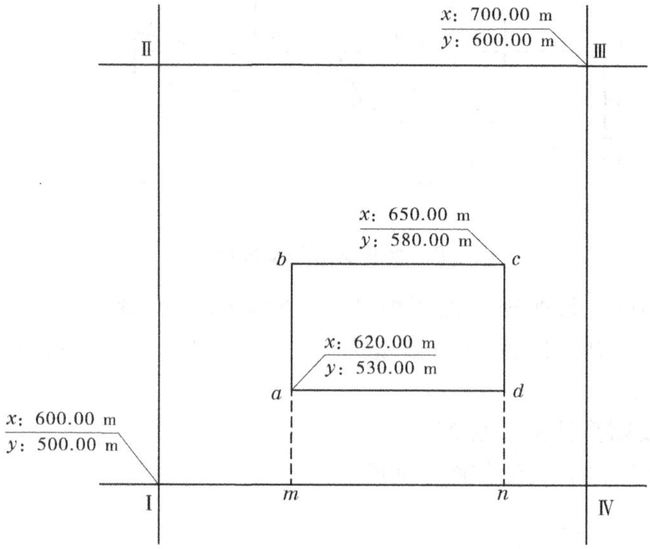

图 5-10　直角坐标法

(一)计算测设数据

如图 5-10 所示，Ⅰ、Ⅱ、Ⅲ、Ⅳ为建筑施工场地的建筑方格网点，a、b、c、d 为欲测设建筑物的四个角点，根据设计图上各点坐标值，可求出建筑物的长度、宽度及测设数据。

建筑物的长度：$l = y_c - y_a = 580.00 - 530.00 = 50.00(\text{m})$；

建筑物的宽度：$l = x_c - x_a = 650.00 - 620.00 = 30.00(\text{m})$。

测设 a 点的测设数据（Ⅰ点与 a 点的纵横坐标之差）：

$$\Delta x = x_a - x_{\text{I}} = 620.00 - 600.00 = 20.00(\text{m})$$

$$\Delta y = y_a - y_{\text{I}} = 530.00 - 500.00 = 30.00(\text{m})$$

(二)点位测设方法

(1)在Ⅰ点安置经纬仪，瞄准Ⅳ点，沿视线方向测设距离 30.00 m，定出 m 点，继续向前测设 50.00 m，定出 n 点。

(2)在 m 点安置经纬仪，瞄准Ⅳ点，按逆时针方向测设 90°角，由 m 点沿视线方向测设距离 20.00 m，定出 a 点，做出标志，再向前测设 30.00 m，定出 b 点，做出标志。

(3)在 n 点安置经纬仪，瞄准Ⅰ点，按顺时针方向测设 90°角，由 n 点沿视线方向测设距离 20.00 m，定出 d 点，做出标志，再向前测设 30.00 m，定出 c 点，做出标志。

(4)检查建筑物四角是否等于 90°角，各边长是否等于设计长度，其误差均应在限差以内。

测设上述距离和角度时，可根据精度要求分别采用一般方法或精密方法。

二、极坐标法

极坐标法是根据一个水平角和一段水平距离，测设点的平面位置。极坐标法适用于量距方便，且待测设点距控制点较近的建筑施工场地。

（一）计算测设数据

如图5-11所示，A、B为已知平面控制点，其坐标值分别为$A(x_A,y_A)$、$B(x_B,y_B)$，P点为建筑物的一个角点，其坐标为$P(x_P,y_P)$。现根据A、B两点，用极坐标法测设P点，其测设数据计算方法如下：

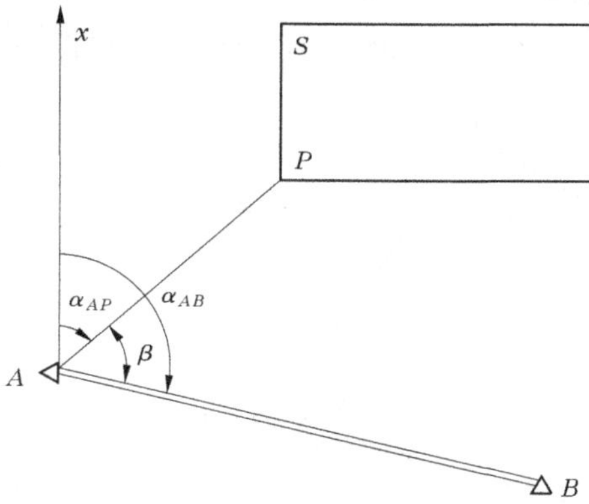

图5-11　极坐标法

（1）计算AB边的坐标方位角α_{AB}和AP边的坐标方位角α_{AP}，按坐标反算公式计算。

$$\alpha_{AB}=\arctan\frac{\Delta y_{AB}}{\Delta x_{AB}} \tag{5-5}$$

$$\alpha_{AP}=\arctan\frac{\Delta y_{AP}}{\Delta x_{AP}} \tag{5-6}$$

注意：每条边在计算时，应根据Δx和Δy的正负情况，判断该边所属象限。

（2）计算AP与AB之间的夹角。

$$\beta=\alpha_{AB}-\alpha_{AP} \tag{5-7}$$

（3）计算A、P两点间的水平距离。

$$D_{AP}=\sqrt{(x_P-x_A)^2+(y_P-y_A)^2}=\sqrt{\Delta x_{AP}^2+\Delta y_{AP}^2} \tag{5-8}$$

（二）点位测设方法

（1）在A点安置经纬仪，瞄准B点，按逆时针方向测设β角，定出AP方向。

（2）沿AP方向自A点测设水平距离D_{AP}，定出P点，做出标志。

（3）用同样的方法测设Q、R、S点。全部测设完毕后，检查建筑物四角是否等于90°，各边长是否等于设计长度，其误差均应在限差以内。

同样,在测设距离和角度时,可根据精度要求分别采用一般方法或精密方法。

三、角度交会法

角度交会法是根据测设出的两个或三个已知水平角而定出的直线方向,交会出点的平面位置的方法。角度交会法适用于待测设点距控制点较远,且量距较困难的建筑施工场地。

(一)前方角度交会法测设点位

前方角度交会法测设点位主要应用于待测设点距控制点较远,且量距较困难的建筑施工场地。

如图 5-12(a)所示,A、B、C 为已知平面控制点,P 为待测设点,现根据 A、B、C 三点,用角度交会法测设 P 点,其测设数据计算方法如下:

按坐标反算公式,分别计算出 α_{AB}、α_{AP}、α_{BP}、α_{CB} 和 α_{CP},再计算水平角 β_1、β_2 和 β_3。

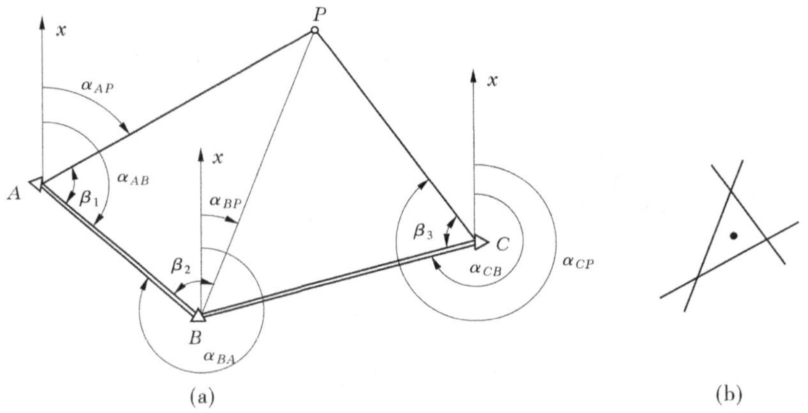

图 5-12　前方角度交会法

(二)点位测设方法

(1)在 A、B 两点同时安置经纬仪,同时测设水平角 β_1 和 β_2 定出两条视线,在两条视线相交处钉下一个大木桩,并在木桩上依 AP、BP 绘出方向线及其交点。

(2)在控制点 C 上安置经纬仪,测设水平角 β_3,同样在木桩上依 CP 绘出方向线。

(3)如果交会没有误差,此方向应通过前两方向线的交点,否则将形成一个"示误三角形",如图 5-12(b)所示。若"示误三角形"边长在限差以内,则取示误三角形重心作为待测设点 P 的最终位置。

测设 β_1、β_2 和 β_3 时,视具体情况,可采用一般方法和精密方法。

(三)变形的前方交会法

如图 5-13 所示,当 A、C 点不能通视时,可用 A、C 点周边的控制点进行定向,予以交会。

$$\left.\begin{aligned}\alpha_{AB}=\arctan\frac{y_B-y_A}{x_B-x_A},\alpha_{AP}=\arctan\frac{y_P-y_A}{x_P-x_A}\\ \alpha_{CD}=\arctan\frac{y_D-y_C}{x_D-x_C},\alpha_{CP}=\arctan\frac{y_P-y_C}{x_P-x_C}\end{aligned}\right\}\tag{5-9}$$

$$\left.\begin{aligned}\alpha_1=\alpha_{AP}-\alpha_{AB}\\ \alpha_2=\alpha_{CP}-\alpha_{CD}\end{aligned}\right\}\tag{5-10}$$

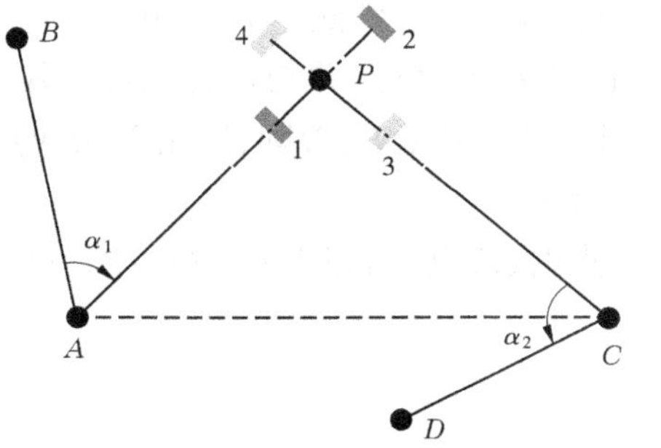

图 5-13　变形的前方交会法

(四)后方交会法测设点位

1. 基本原理

如图 5-14 所示,A、B、C 点为控制点,P 点为测设点,其坐标均为已知。由控制点 A、B、C 坐标及设计点 P 的坐标反算坐标方位角 α_{PA}、α_{PB}、α_{PC},计算 α、β 角。

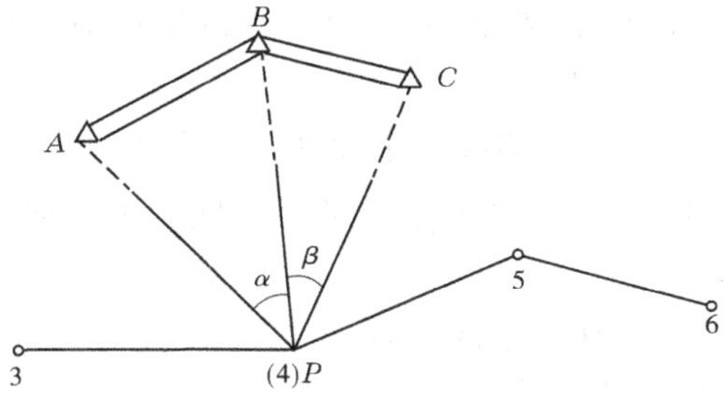

图 5-14　后方交会法

$$\left.\begin{aligned}a=(x_B-x_A)+(y_B-y_A)\cot\alpha\\ b=(y_B-y_A)-(x_B-x_A)\cot\alpha\\ c=(x_B-x_C)-(y_B-y_C)\cot\beta\\ d=(y_B-y_C)+(x_B-x_C)\cot\beta\end{aligned}\right\}\tag{5-11}$$

$$\left.\begin{aligned}\alpha=\alpha_{PB}-\alpha_{PC}\\ \beta=\alpha_{PC}-\alpha_{PB}\end{aligned}\right\}\tag{5-12}$$

令
$$K = \frac{a - c}{b - d}$$

计算 P 点的坐标
$$\left.\begin{aligned} x_P &= x_B + \frac{Kb - a}{K^2 + 1} \\ y_P &= y_B - K \times \frac{Kb - a}{K^2 + 1} \end{aligned}\right\} \tag{5-13}$$

2. 实地测设

(1)在合适位置处(P')安置仪器,分别测定 α、β 角。

(2)依测定的各交会角计算 P'点坐标,并与设计坐标比较。

(3)若点位误差满足要求,则确定点 P;否则,用角差法或角差图解法改正。

(4)改正方法同前方交会法。

在用后方交会法测设 P 点时,P 点(含过渡点)距危险圆的距离应不小于危险圆半径的 1/5。

四、距离交会法

距离交会法是根据测设出的两个已知的水平距离,交会出点的平面位置的方法。此法适用于施工场地平坦、量距方便且控制点距离测设点不超过一尺的情况。如图 5-15 所示。

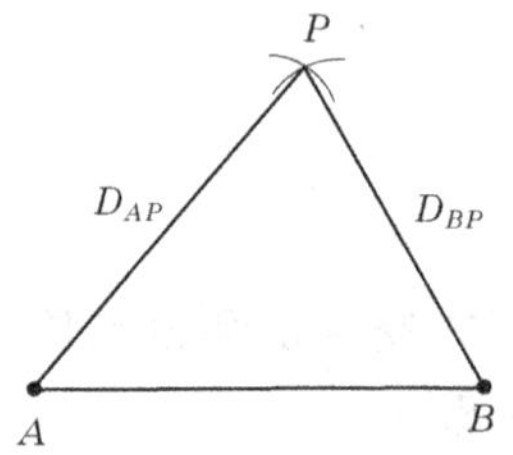

图 5-15 距离交会法

(一)计算测设数据

如图 5-15 所示,A、B 点为已知平面控制点,P 点为待测设点,现根据 A、B 两点,用距离交会法测设 P 点,其测设数据计算方法如下:根据 A、B、P 三点的坐标值,分别计算出 D_{AP} 和 D_{BP}。

(二)点位测设方法

(1)将钢尺的零点对准 A 点,以 D_{AP} 为半径在地面上画一圆弧。

(2)再将钢尺的零点对准 B 点,以 D_{BP} 为半径在地面上再画一圆弧。两圆弧的交点即为 P 点的平面位置。

(3)用同样的方法,测设出 Q 的平面位置。

(4)丈量 P、Q 两点间的水平距离,与设计长度进行比较,其误差应在限差以内。

五、角度与距离交会法

角度与距离交会法是根据测设出的一个水平角度和一个水平距离,交会出点的平面位置的方法,如图 5-16 所示。

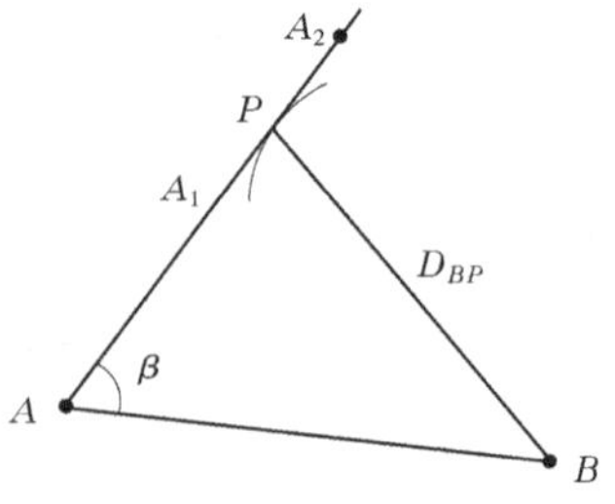

图 5-16 角度与距离交会法

任务三　建筑施工场地的控制测量

一、施工控制网

由于在勘探设计阶段所建立的控制网，是为测图而建立的，有时并未考虑施工的需要，所以控制点的分布、密度和精度，都难以满足施工测量的要求；另外，在平整场地时，大多控制点被破坏。因此施工之前，在建筑场地应重新建立专门的施工控制网。

(一)施工控制网的分类

施工控制网分为平面控制网和高程控制网两种。

(1)施工平面控制网可以布设成三角网、导线网、建筑方格网和建筑基线四种形式。

①三角网：对于地势起伏较大，通视条件较好的施工场地，可采用三角网。

②导线网：对于地势平坦，通视又比较困难的施工场地，可采用导线网。

③建筑方格网：对于建筑物多为矩形且布置比较规则和密集的施工场地，可采用建筑方格网。

④建筑基线：对于地势平坦且又简单的小型施工场地，可采用建筑基线。

(2)施工高程控制网采用水准网。

(二)施工控制网的特点

与测图控制网相比，施工控制网具有控制范围小、控制点密度大、精度要求高及使用频繁等特点。

二、施工场地的平面控制测量

(一)施工坐标系与测量坐标系的坐标换算

施工坐标系也称建筑坐标系，其坐标轴与主要建筑物主轴线平行或垂直，以便用直角坐标法进行建筑物的放样。

施工控制测量的建筑基线和建筑方格网一般采用施工坐标系，而施工坐标系与测量坐标系往往不一致，因此施工测量前常常需要进行施工坐标系与测量坐标系的坐标换算。

如图5-17所示，设 xOy 为测量坐标系，$x'O'y'$ 为施工坐标系，(x_0,y_0) 为施工坐标系的原点 O' 在测量坐标系中的坐标，α 为施工坐标系的纵轴 $O'x'$ 在测量坐标系中的坐标方位角。设已知 P 点的施工坐标为 (x'_P,y'_P)，则可按下式将其换算为测量坐标 $(x_P、y_P)$：

$$\left.\begin{aligned} x_P &= x_0 + x'_P\cos\alpha - y'_P\sin\alpha \\ y_P &= y_0 + x'_P\sin\alpha + y'_P\cos\alpha \end{aligned}\right\} \tag{5-14}$$

如已知 P 点的测量坐标，则可按下式将其换算为施工坐标：

$$\left.\begin{aligned} x'_P &= (x_P - x_0)\cos\alpha + (y_P - y_0)\sin\alpha \\ y'_P &= -(x_P - x_0)\sin\alpha + (y_P - y_0)\cos\alpha \end{aligned}\right\} \tag{5-15}$$

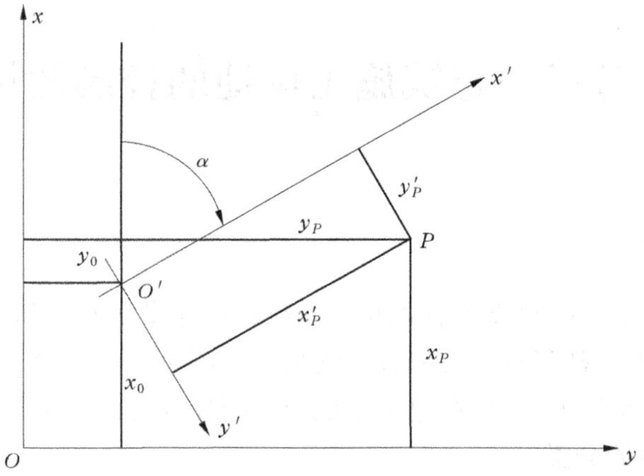

图 5-17 施工坐标系与测量坐标系的换算

(二)建筑基线

建筑基线是建筑场地的施工控制基准线,即在建筑场地布置一条或几条轴线。它适用于建筑设计总平面图布置比较简单的小型建筑场地。

(1)建筑基线的布设形式,应根据建筑物的分布、施工场地地形等因素来确定。常用的布设形式有"一"字形、"L"形、"十"字形和"T"形,如图 5-18 所示。

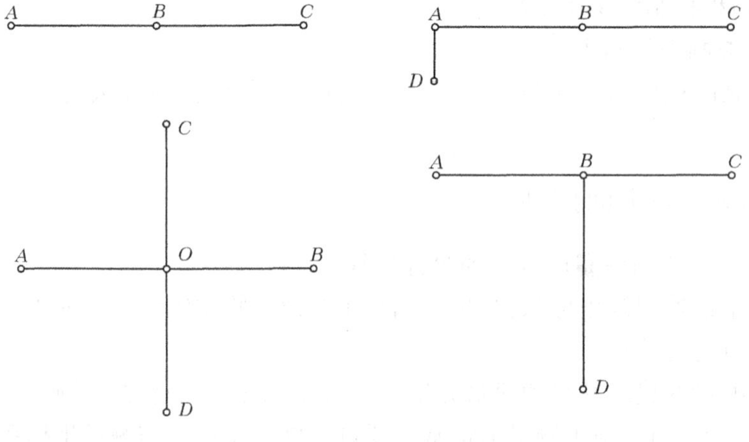

图 5-18 建筑基线的布设形式

(2)建筑基线的布设要求。

①建筑基线应尽可能靠近拟建的主要建筑物,并与其主要轴线平行,以便使用比较简单的直角坐标法进行建筑物的定位。

②建筑基线上的基线点应不少于 3 个,以便相互检核。

③建筑基线应尽可能与施工场地的建筑红线相连。

④基线点位应选在通视良好和不易被破坏的地方,为能长期保存,要埋设永久性的混凝土桩。

(3)根据施工场地的条件不同,建筑基线的测设方法有以下两种:

①根据建筑红线测设建筑基线,建筑红线可用作建筑基线测设的依据。如图 5-19 所示,AB、AC 为建筑红线,1、2、3 为建筑基线点,利用建筑红线测设建筑基线的方法如下:

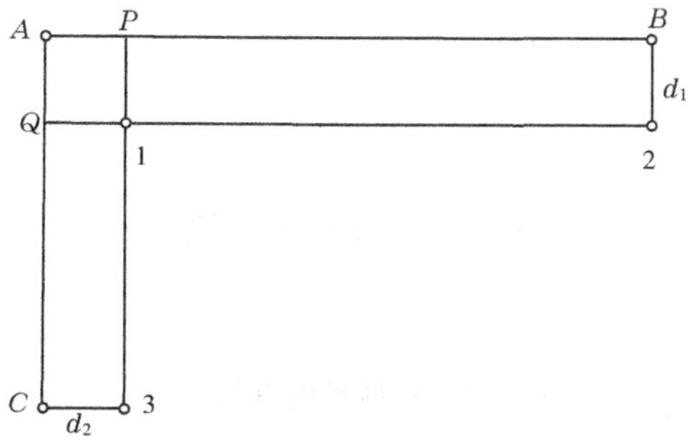

图 5-19　根据建筑红线测设建筑基线

首先,从 A 点沿 AB 方向量取 d_2 定出 P 点,沿 AC 方向量取 d_1 定出 Q 点。

其次,过 B 点作 AB 的垂线,沿垂线量取 d_1 定出 2 点,做出标志;过 C 点作 AC 的垂线,沿垂线量取 d_2 定出 3 点,做出标志;用细线拉出直线 $P3$ 和 $Q2$,两条直线的交点即为 1 点,做出标志。

最后,在 1 点安置经纬仪,精确观测∠213,其与 90°的差值应不超过±20″。

②根据附近已有控制点测设建筑基线,在新建筑区可以利用建筑基线的设计坐标和附近已有控制点的坐标,用极坐标法测设建筑基线。如图 5-20 所示,A、B 为附近已有控制点,1、2、3 为选定的建筑基线点。测设方法如下:

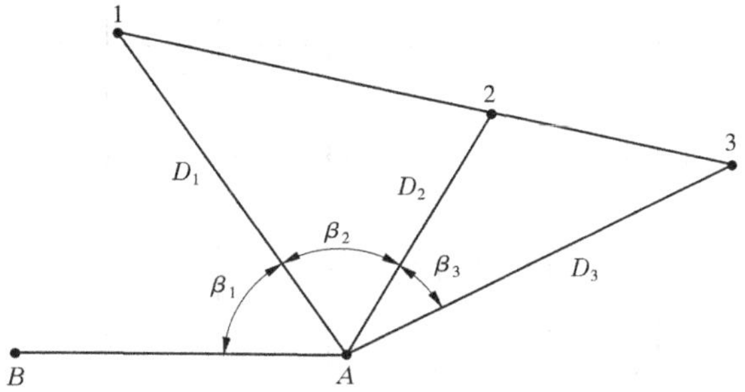

图 5-20　根据控制点测设建筑基线

首先,根据已知控制点和建筑基线点的坐标,计算出测设数据 β_1、D_1、β_2、D_2、β_3、D_3。其次,用极坐标法测设 1、2、3 点。

由于存在测量误差,测设的基线点往往不在同一直线上,且点与点之间的距离与设计值也不完全相符,因此需要精确测出已测设直线的折角 β' 和距离 D',并与设计值相比较。如图 5-21 所示,如果 $\Delta\beta=\beta'-180°$ 超过±15″,则应对 1′、2′、3′点在与基线垂直的方向上进

行等量调整,调整量按式(5-7)计算:

$$\delta = \frac{ab}{a+b} \times \frac{\Delta\beta}{2\rho} \tag{5-16}$$

式中 δ——各点的调整值,m;

a、b——直线 12、23 的长度,m。

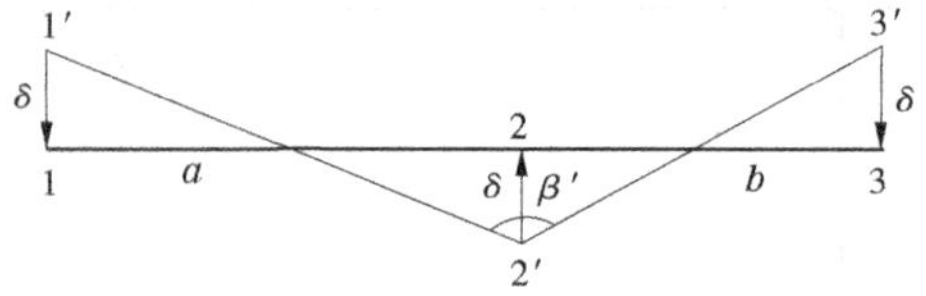

图 5-21 基线点的调整

如果测设距离超限,如$\frac{\Delta D}{D}=\frac{D'-D}{D}>\frac{1}{10\ 000}$,则以 2 点为准,按设计长度沿基线方向调整 1′点、3′点。

(三)建筑方格网

由正方形或矩形组成的施工平面控制网,称为建筑方格网,或称矩形网,如图 5-22 所示。建筑方格网适用于按矩形布置的建筑群或大型建筑场地。

(1)布设建筑方格网时,应根据总平面图上各建(构)筑物、道路及各种管线的布置,结合现场的地形条件来确定。如图 5-22 所示,先确定方格网的主轴线 *AOB* 和 *COD*,然后再布设方格网。

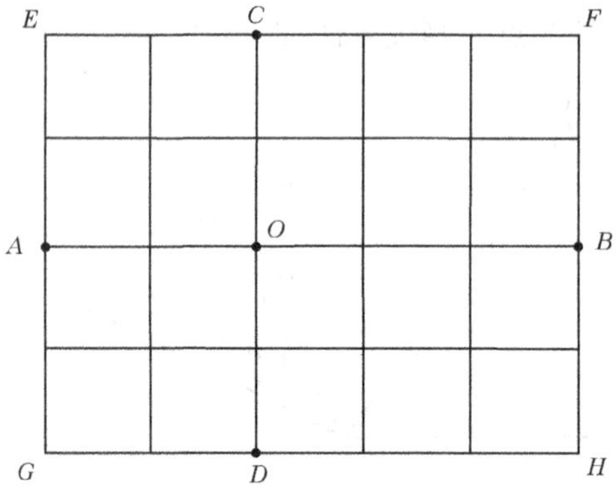

图 5-22 建筑方格网

(2)建筑方格网的测设方法如下:

①主轴线测设与建筑基线测设方法相似。首先,准备测设数据。其次,测设两条互相垂直的主轴线 *AOB* 和 *COD*,如图 5-22 所示。主轴线实质上是由 5 个主点 *A*、*B*、*O*、*C* 和 *D* 组成的。最后,精确检测主轴线点的相对位置关系,并与设计值相比较,如果超限,则应进行调整。建筑方格网的主要技术要求如表 5-1 所示。

表 5-1 建筑方格网的主要技术要求

等级	边长/m	测角中误差	边长相对中误差	测角检测限差	边长检测限差
Ⅰ级	100~300	5″	1/30 000	10″	1/15 000
Ⅱ级	100~300	8″	1/20 000	16″	1/10 000

②主轴线测设后，分别在主点 A、B 和 C、D 安置经纬仪，后视主点 O，向左右测设 90°水平角，即可交会出田字形方格网点。随后再做检核，测量相邻两点间的距离，看是否与设计值相等，测量其角度是否为 90°，误差均应在允许范围内，并埋设永久性标志。

建筑方格网轴线与建筑物轴线平行或垂直，因此可用直角坐标法进行建筑物的定位。其优点是计算简单，测设比较方便，而且精度较高。其缺点是必须按照总平面图布置，其点位易被破坏，而且测设工作量也较大。

三、施工场地的高程控制测量

建筑施工场地的高程控制测量一般采用水准测量方法，应根据施工场地附近的国家或城市已知水准点，测定施工场地水准点的高程，以便纳入统一的高程系统。

在施工场地上，水准点的密度，应尽可能满足安置一次仪器即可测设出所需的高程。而测图时敷设的水准点往往是不够的，因此还需增设一些水准点。在一般情况下，建筑基线点、建筑方格网点以及导线点也可兼作高程控制点。只要在平面控制点桩面上中心点旁边，设置一个突出的半球状标志即可。

为了便于检核和提高测量精度，施工场地高程控制网应布设成闭合路线或附合路线。高程控制网可分为首级网和加密网，相应的水准点称为基本水准点和施工水准点。

(1)基本水准点。基本水准点应布设在土质坚实、不受施工影响、无震动和便于施测的地方，并埋设永久性标志。一般情况下，按四等水准测量的方法测定其高程，而对于为连续性生产车间或地下管道测设所建立的基本水准点，则需按三等水准测量的方法测定其高程。

(2)施工水准点。施工水准点是用来直接测设建筑物高程的。为了测设方便和减小误差，施工水准点应靠近建筑物。

此外，由于设计建筑物常以底层室内地坪±0 标高为高程起算面，为了施工引测设方便，常在建筑物内部或附近测设±0 水准点。±0 水准点的位置一般选在稳定的建筑物墙、柱的侧面，用红漆绘成顶为水平线的“▼”形，其顶端表示±0 位置。

模块六

测量误差基本知识

思维导图

- 概述
- 评定误差精度的标准
- 偶然算术平均值

测
量

任务一　概　述

一、测量误差

测量工作的实践表明，在任何测量工作中，无论是测角、测高差或量距，当对同一量进行多次观测时，不论测量仪器多么精密，观测进行得多么仔细，测量结果总是存在着差异的，彼此不相等。例如，反复观测某一角度，每次观测结果都不会一致，这是测量工作中普遍存在的现象，其实质是每次测量所得的观测值与该量客观存在的真值之间的差值，这种差值称为测量误差，即

$$测量误差=观测值-真值$$

用Δ表示测量误差，X表示真值，l表示观测值，则测量误差可用式（6-1）表示：

$$\Delta = l - X \tag{6-1}$$

二、测量误差的来源

产生测量误差的因素是多方面的，概括起来有以下三个因素：

（1）仪器精度的有限性，测量中使用的仪器和工具不可能十分完善，致使测量结果产生误差。例如，用普通水准尺进行水准测量时，最小分划为 5 mm，就难以保证毫米数的完全正确性。经纬仪、水准仪检校不完善产生的残余误差影响，例如水准仪视准轴部平行于水准管轴、水准尺的分划误差等，这些都会使观测结果含有误差。

（2）观测者感觉器官鉴别能力的局限性，会对测量结果产生一定的影响。例如对中误差、观测者估读小数误差、瞄准目标误差等。

（3）观测过程中，外界条件的不定性。如温度、阳光、风等时刻都在变化，必将对观测结果产生影响，例如，温度变化使钢尺产生伸缩，阳光照射会使仪器发生微小变化，较阴的天气会使目标不清楚等。

通常把以上三种因素综合起来称为观测条件，可想而知观测条件好，观测中产生的误差就会小；反之，观测条件差，观测中产生的误差就会大。但是不管观测条件如何，受上述因素的影响，测量中存在误差是不可避免的。应该指出，误差与粗差是不同的，粗差是指观测结果中出现的错误，如测错、读错、记错等，不允许存在。为杜绝粗差，除加强作业人员的责任心，提高操作技术外，还应采取必要的检校措施。

三、测量误差的分类

测量误差按其性质不同可分为系统误差和偶然误差。

（一）系统误差

在相同的观测条件下，对某量进行一系列观测，若出现的误差在数值大小或符号上保持不变或按一定的规律变化，这种误差称为系统误差。例如，用名义长度为 30 m，而实际

长度为 30.004 m 的钢尺量距，每量一尺就有 0.004 m 的系统误差，它就是一个常数。又如水准测量中，视准轴与水准管轴不能严格平行，存在一个微小夹角 i，i 角一定时在尺上的读数随视线长度呈比例变化，但大小和符号总是保持一致性。

系统误差具有累积性，对测量结果影响甚大，但它的大小和符号有一定的规律，可通过计算或观测方法加以消除，或者最大限度地减小其影响。如尺长误差可通过尺长改正加以消除；水准测量中的 i 角误差，可以通过前后视线等长，消除其对高差的影响。

(二)偶然误差

在相同的观测条件下，对某量进行一系列观测，如出现的误差在数值大小和符号上均不一致，且从表面看没有任何规律性，这种误差称为偶然误差。如水准标尺上毫米数的估读，有时偏大，有时偏小。由于大气的能见度和人眼的分辨能力等因素使照准目标有时偏左，有时偏右。

偶然误差亦称随机误差，其符号和数值大小在表面上无规律可循，找不到可以完全消除的方法，因此须对其进行研究。因为在表面上是偶然性在起作用，实际上却始终是受其内部隐蔽着的规律所支配，问题是如何把这种隐蔽的规律揭示出来。

四、偶然误差的特性

(1)在一定的条件下，偶然误差的绝对值不会超过一定的限度。

(2)绝对值小的误差比绝对值大的误差出现的机会多。

(3)绝对值相等的正负误差出现的机会相等。

(4)偶然误差的算术平均值趋近于零，即

$$\lim_{n\to\infty}\frac{\Delta_1+\Delta_2+\cdots+\Delta_n}{n}=\lim_{n\to\infty}\frac{[\Delta]}{n}=0 \tag{6-2}$$

(5)误差产生的原因：①仪器设备的原因；②观测者的原因；③外界条件的原因。

五、误差的特点

(1)同一性。误差的绝对值保持恒定或按一定的规律变化。

(2)单一性。误差符合不变，总朝一个方向偏离。

(3)累积性。误差的绝对值随着单一观测值的倍数累积。

任务二　评定误差精度的标准

为了对测量成果的精确程度做出评定，有必要建立一种评定精度的标准，通常用中误差、相对误差和极限误差来表示。

一、中误差

设在相同观测条件下，对真值为 x 的一个未知量 l 进行 n 次观测，观测值结果为 l_1，

$l_2, \cdots, l_n$，每个观测值相应的真误差（真值与观测值之差）为 $\Delta_1, \Delta_2, \cdots, \Delta_n$，则以各个真误差平方和的平均数的平方根作为精度评定的标准，用 m 表示，称为观测值中误差。

$$m = \sqrt{\frac{[\Delta\Delta]}{n}} \tag{6-3}$$

式中 m——观测值中误差（又称均方误差）；

n——观测次数；

$[\Delta\Delta] = \Delta_1\Delta_1 + \Delta_2\Delta_2 + \cdots + \Delta_n\Delta_n$——各个真误差 Δ 的平方的总和。

式(6-3)表明了中误差与真误差的关系，中误差并不等于每个观测值的真误差，中误差仅是一组真误差的代表值，当一组观测值的测量误差愈大，中误差也就愈大，其精度就愈低；测量误差愈小，中误差也就愈小，其精度就愈高。

二、相对误差

测量工作中对于精度的评定，在很多情况下用中误差这个标准是不能完全描述对某量观测的精确度的。例如，用钢卷尺丈量了 100 m 和 1 000 m 两段距离，其观测值中误差均为±0. 1 m，若以中误差来评定精度，显然就要得出错误结论，因为量距误差与其长度有关，为此需要采取另一种评定精度的标准，即相对误差。相对误差是指绝对误差的绝对值与相应观测值之比，通常以分子为 1、分母为整数形式表示。

$$\text{相对误差} = \frac{\text{误差的绝对值}}{\text{观测值}} = \frac{1}{T} \tag{6-4}$$

绝对误差指中误差、真误差、容许误差、闭合差和较差等，它们具有与观测值相同的单位。上例前者相对中误差为 $\frac{0.1}{100} = \frac{1}{1\ 000}$，后者相对中误差为 $\frac{0.1}{1\ 000} = \frac{1}{10\ 000}$，很明显，后者的精度高于前者的精度。

相对误差常用于距离丈量的精度评定，而不能用于角度测量和水准测量的精度评定，这是因为后两者的误差大小与观测量角度、高差的大小无关。

三、极限误差

由偶然误差第一个特性可知，在一定的观测条件下，偶然误差的绝对值不会超过一定的限值。根据误差理论和大量的实践证明，大于 2 倍中误差的偶然误差，出现的机会仅有 5%；大于 3 倍中误差的偶然误差，出现的机会仅为 3‰。即大约在 300 次观测中，才可能出现一个大于 3 倍中误差的偶然误差，因此在观测次数不多的情况下，可认为大于 3 倍中误差的偶然误差实际上是不可能出现的。故常以 3 倍中误差作为偶然误差的极限值，称为极限误差，用 $\Delta_{限}$ 表示：

$$\Delta_{限} = 3m \tag{6-5}$$

在实际工作中，一般常以 2 倍中误差作为极限值。

$$\Delta_{限} = 2m \tag{6-6}$$

如观测值中出现了超过 $2m$ 的误差，可以认为该观测值不可靠，应舍去不用。

任务三　偶然算术平均值

一、算术平均值

在相同的观测条件下,对某一量进行 n 次观测,通常取其算术平均值作为未知量最可靠值。例如,对某段距离丈量了 6 次,观测值分别为 l_1、l_2、l_3、l_4、l_5、l_6,则算术平均值 x 为:

$$x=\frac{l_1+l_2+l_3+l_4+l_5+l_6}{6} \tag{6-7}$$

若观测 n 次,则 $x=\frac{[l]}{n}$。下面简要论证为什么算术平均值是最可靠值。设某未知量的真值为 X,观测值为 $l_i(i=1,2,3,\cdots,n)$,其真误差为 Δ_i,则一组观测值的真误差为:

$$\Delta_1=l_1-X;\Delta_2=l_2-X;\cdots;\Delta_n=l_n-X$$

以上各式左右取和并除 n 得:

$$\frac{[\Delta]}{n}=\frac{[l]}{n}-X \tag{6-8}$$

将式(6-7)代入式(6-8)并移项得:

$$x=\frac{[\Delta]}{n}+X \tag{6-9}$$

式中　$[\Delta]/n$——各观测值真误差的平均值。

根据偶然误差的第四特性,当 $n\to\infty$ 时,$\frac{[\Delta]}{n}$趋于 0,则有:

$$\lim_{n\to\infty}x=X \tag{6-10}$$

由式(6-10)可看出,当观测次数 n 趋于无限多时,观测值的算术平均值就是该未知量的真值。但实际工作中,通常观测次数总是有限的,因而在有限次观测情况下,算术平均值与各个观测值比较,最接近于真值,故称为该量的最可靠值或最或然值。当然,其可靠程度不是绝对的,它随着观测值的精度和观测次数而变化。

二、观测值的改正数

设某量在相同的观测条件下,观测值为 $l_1,l_2,\cdots,l_n$,观测值的算术平均值为 x,则算术平均值与观测值之差称为观测值改正数,用 v 表示,则有:

$$\begin{aligned}v_1&=x-l_1\\v_2&=x-l_2\\&\vdots\\v_n&=x-l_n\end{aligned} \tag{6-11}$$

将等式两端分别取和得:

$$[v]=nx-[l] \tag{6-12}$$

将 $x=\frac{[l]}{n}$ 代入式(6-12)得：

$$[v]=0 \tag{6-13}$$

式(6-13)说明在相同观测条件下，一组观测值改正数之和恒等于零，此式可以作为计算工作的校核。

三、用改正数求观测值的中误差

前述中误差的定义式是在已知真误差的条件下，计算观测值的中误差，而实际工作中观测值的真值往往是不知道的，故真误差也无法求得，例如未知量高差、距离等。因此，可用算术平均值代替真值，用观测值的改正数求观测值中误差，即

$$m=\pm\sqrt{\frac{[vv]}{n-1}} \tag{6-14}$$

式中　$[vv]=v_1v_1+v_2v_2+\cdots+v_nv_m$；

n——观测次数；

m——观测值中误差（代表每一次观测值的精度）。

观测值的最可靠值是算术平均值，算术平均值的中误差用“M”表示，按式(6-15)计算：

$$M=\frac{m}{\sqrt{n}}=\pm\sqrt{\frac{[vv]}{n(n-1)}} \tag{6-15}$$

式(6-15)表明算术平均值的中误差等于观测值中误差的 $\frac{1}{\sqrt{n}}$ 倍，所以增加观测次数可以提高算术平均值的精度。根据分析，观测达到一定的次数，精度提高得非常缓慢。例如水平角观测，一般最高 12 次。若精度达不到，可采取提高仪器精度或改变观测方法等。

模块七

安全监测的作用及发展

量测

一、水电工程特性

水是人类社会赖以生存不可或缺的自然资源,人类一直与水相伴而处,为了利用水资源,人们修建了多种水利工程,建造水利水电工程是改造自然开发水资源的重大举措,能为社会带来巨大的经济效益和社会效益。

随着社会的发展,这种关系还将越来越紧密。但是,随着经济与社会的发展,城市化、人口与财产高度集中,这种紧密的经济结构有其脆弱的一面,难以承受水利水电工程设施失效的影响。水利水电工程作为国民经济的基础产业之一,其工作性状失常,会直接影响经济收益;而工程失事,则将给社会带来巨大的生命财产损失和人为灾害,严重时会形成社会问题和环境问题。因此,应从社会、环境、经济全局利益出发,高度重视水利水电工程安全。

水工建筑物与一般的土木建筑物不同,工程结构各异,建设规模宏大,运行条件特殊,承受荷载复杂,从勘测设计到施工完建,经过的程序和环节非常多。因此,水利水电工程具有如下主要特点。

(一)承受水的各种作用

水利水电工程主要特点是承受水的各种作用。而水又是一种无孔不入的液体,它与坝体、地基中的混凝土和岩土体成为一种多相介质,使结构的力学性能变得十分复杂。水是一种变幅巨大的荷载,挡水建筑物长期承受反复作用的面力或体力;水作为一种溶剂可以弱化岩体或筑坝材料相关物理力学参数,同时对于泄水建筑物来说存在高速水流的冲刷和空蚀问题。因此,与一般建筑物相比,水工建筑物的工作条件因水的作用而变得更加恶劣。

(二)水工建筑物结构复杂

水工建筑物的结构形式虽有几种基本类型,但对每一个工程都要根据其地形、地质状况、挡水泄流要求和水力学条件进行选择和设计。同一类型的建筑物会因所处位置不同而有不同的结构形式。

(三)工程地质条件及地基处理存在不确定因素

地质条件是控制水工建筑物安全的首要因素。在选择枢纽建筑物位置和布置时常受到很多因素的制约,导致最终确定的建筑物位置的地质条件时常不尽如人意。对于地质缺陷的处理依据是大量的地质勘探工作和岩石力学研究成果,然而,地质情况很复杂,地质钻探也仅能有限布置,一些不利的地质现象难以全部客观地揭示,这就使工程地基处理效果存在不确定性。

(四)建设环节多,建造技术复杂

水利水电工程先要研究枢纽布局和选址合理性、可行性,做大量的勘测规划工作,进行统一规划,科学论证,然后进行总体设计,确定工程规模、枢纽布置和水库特征水位等参数,对各建筑物做出总体布置。同时,因水工建筑物的结构形式、地质条件的不同,建设过程和工作环境也不同,都使水工建筑物的建造显得异常复杂,导致实际结构受力特性与设计情况发生偏差。

(五)施工规模大,对环境影响大

水工建筑物规模大,施工过程很复杂。对于水利水电工程一般都要进行施工设计,以便合理地布置和利用场地,有效地组织施工程序。另外,水利水电工程在工程涉及区域对生态环境可能造成影响,修建的挡水建筑物还可能打破本流域的原有生态平衡,对库区水环境保护提出新的问题。

(六)投资大、建设周期长,失事后果严重

水利水电工程除上述特点外,还有一个特点是工程投资大、建设周期长,工程效益显著,建成后一旦失事,后果严重。

二、大坝安全监测

新中国成立以来,特别是近年来我国大坝建设得到突飞猛进的发展,截至 2008 年我国已有水库大坝 8.7 万多座。目前我国的建坝规模和工程规模都已经进入世界先进行列,完成了世界级别的三峡、小湾、龙滩等工程, 2010 年前开工建设的世界级工程还包括溪洛渡、向家坝、锦屏一级、锦屏二级、官地、大岗山、猴子岩、景洪、糯扎渡、古水、拉西瓦、乌江思林、沙陀、亚碧罗、赛格等高坝大库;2020 年前开工建设的还有乌东德、白鹤滩、两河口、杨家沟、双江口、丹巴、黄登、苗尾、黑山峡、马吉等高坝大库,另外西藏自治区东部"三江"上游和雅鲁藏布江水能资源的开发和利用规划也正在进行。

常规意义上的大坝是一种挡水水工建筑物,按筑坝材料可以分为土石坝、混凝土坝、浆砌石坝、钢筋混凝土坝、木坝等。混凝土坝按受力形式可以分为重力坝和拱坝,按施工方法又可分为碾压混凝土重力坝和拱坝等。土石坝根据筑坝施工方法可以分为碾压式土石坝、抛填式堆石坝、定向爆破堆石坝、水力冲填坝和水坠坝等,应用最广的是碾压式土石坝。土石坝按照土料在坝身内的配置和防渗体的材料不同分为:均质坝、黏土心墙和斜墙坝、人工材料心墙和斜墙坝、多种土质坝、土石混合坝等。在我国,大坝安全监测技术规范主要是根据大坝按筑坝材料进行了分类,分成《混凝土坝安全监测技术规范》(DL/T 5178—2016)和《土石坝安全监测技术规范》(SL 551—2012)。

大坝安全监测是在水工建筑物上埋置传感器或标点,采用观测仪器仪表进行测读,通过计算获得大坝等水工建筑物的各种变化参数,以此对大坝运行状况进行评价,以保证大坝的运行安全。

国际大坝委员会关于大坝安全监测中"大坝"的定义范围有所扩大。大坝安全监测中的大坝包括坝体、坝基、坝肩以及对大坝安全有重大影响的近坝岸坡和其他与大坝安全有直接关系的建筑物和设备。从上述概念可以看出,大坝安全中的"大坝"与一般水工建筑物中的"大坝"概念有所不同,实际上目前的大坝安全监测中的"大坝"已经涵盖了整个水工建筑物,甚至是影响大坝安全的高边坡、滑坡体等。

由于自然因素错综复杂,水工理论技术仍处于发展阶段,同时,水工建筑物的工程量大、施工条件困难,因此在工程的勘测、规划、设计和施工中难免有不符合客观状况之处。即使建筑物的安全度较高,但在长期的运行中,由于工作条件的改变,其工作状态也随时会发生变化。正常的变化对建筑物的安全影响不大,但异常的变化若不及时发现和采取措施,将导致工程的破坏。工程实践表明,绝大多数水工建筑物在发生破坏之前,总是有预兆的。因此,即使建筑物存在某些缺陷,只要认真细致地检查观测与分析,及时发现工程缺陷并采取有效措施,就能把事故消灭在萌芽状态,从而确保工程的安全运用。

三、大坝失事及实例

大坝安全的重要性主要表现在两个方面:第一方面表现为投资的损失或部分损失,效益(防洪、发电、供水、航运)得不到发挥;第二方面表现为大坝安全出现问题或大坝失事带来的后果的灾难性,实际上投资的巨大与失事后果的灾难性是相互的,正是效益的巨大和害怕失事的后果,所以在设计施工中才要注意质量,这样就会引起投资的增大,一旦失事,不仅意味着投资和效益的丧失,而且还会给下游人们的生命财产带来巨大损失。

1959 年 12 月 21 日,法国马尔巴赛拱坝突然崩溃,有人看到坝体从中央破裂,水从溃口冲出,形成深 7~15 m、宽 1 km 的巨流以 70 km/h 的速度冲向下游,历时 45 min,使坝下游 10 km 处的弗雷茄斯(Fergus)城成为废墟,死亡 387 人,失踪 100 人,损失 200 亿法郎。

意大利瓦昂拱坝,坝高 260 m,库区突然发生大滑坡,造成坝顶涌浪超过 100 m,冲击波使右岸高出坝面 290 m 处的一个小城镇都遭到破坏,溃坝水流使下游 1.6 km 处的一个城镇全部摧毁,死亡 2 600 人。

通过这些大坝失事获得的经验教训,使有关国家认识到要重视大坝安全工作,制定和改进大坝安全法规,采取措施加强安全管理。20 世纪 60 年代以来多次国际大坝会议都以大坝和基岩稳定的监测作为交流主题,并发布了一系列有关大坝安全监测的会刊。

我国大坝失事的实例也是不少的,虽然大多数是小型坝,但也造成了不少的损失。最为严重的溃坝是 1975 年 8 月暴雨洪水导致的板桥水库和石漫滩水库失事,造成大面积水灾和人员伤亡,京广线铁路也被局部冲毁,损失巨大。

1993 年 8 月 27 日,沟后水库失事是距今较近的溃坝实例,虽然库容只有 330 万 m^3,但坝址处最大溃坝流量也达 3 000 m^3/s,下泄水量 268 万 m^3。23 时 40 分左右洪水冲入下游 13 km 处约有 3 万人口的恰卜恰镇,瞬间冲毁 1 000 多户房舍,288 人丧生,上千人受伤。

1998 年夏季的大洪水也造成了许多水库堤防失事,1998 年洪水大、影响范围广、持续时间长,洪涝灾害严重。全国共有 29 个省(自治区、直辖市)遭受了不同程度的洪涝灾害。据各省统计,农田受灾面积 2 229 万 hm^2,成灾面积 1 378 万 hm^2,死亡 4 150 人,倒塌房屋 685 万间,直接经济损失 2 551 亿元。

2003 年,内蒙古五号河水库汛期没有执行县防汛抗旱指挥部制订的"空库迎汛"的度汛方案;云南小李湾水库无通信设施、无交通道路、无专业管理人员、汛期夜晚无人值守导致两个小型水库发生溃坝失事。2004 年 1 月 22 日 6 时许,新疆五家渠市八一水库大坝决堤,致使该市内新疆生产建设兵团农六师一零二团的数连队被淹,13 800 人被迫临时转移,幸好没有造成人员伤亡。大坝失事原因是 21 日 13 时许发生的管涌。

1954~2007 年底,全国累计垮坝 3 484 座,年均近 70 座。尽管上述水库溃坝原因是多样的,但缺乏必要的监测设施是大多数水库溃坝的通病。

四、安全监测的作用

水利水电工程历史悠久,尽管已积累了丰富的实践经验,但由于地质、水文、气象的复杂性，即使掌握了现代最先进的勘探技术，采取了周密详尽的调查研究，仍然难于彻底掌握坝址区工程的地质、水文、气象情况；任何地质勘探和水文、气象调查的结果，最后都通过理论计算而成为设计的依据，因此在某些情况下，这种数据与实际情况可能有很大的出入。设计中既可能存在对水工建筑物工作条件估计偏差或运行情况考虑不全的问题，也可能存在因引用假设进行简化而使结果偏离实际的情况，设计很难做到完美无缺。施工中，也可能发生施工方法不当，混凝土浇筑振捣不透，温度控制、选用材料不严、堆石体碾压不密实等各种问题，从而引发一系列质量问题。竣工运行后，大坝受各种力的作用和自然环境的影响，筑坝材料的逐渐老化，加之高压水的不断渗流溶蚀，使得大坝及其基础的物理力学性能逐渐变异，偏离设计要求。因此，在荷载长期作用、洪水、地震等恶劣环境因素影响下，加上随着时间的推移结构老化，水工建筑物发生事故乃至失事的可能性始终存在，可以说水工建筑物本身的存在，就具有事故的风险性。

如果能够在事故发生前获得有关信息，进行分析和判断，及时采取有效的防范措施，便有可能避免事故的发生或减免损失。20 世纪 50 年代以来，水利水电工程界逐步认识到大坝和上部结构的失事多由地基因素引起，边坡工程、地下工程的事故往往是岩土体失稳所致。基于岩土体的复杂性，一般情况下仅凭人的巡查和直觉判断难以及时发现和有效判定，必须依靠布置针对性的监测项目进行系统监测和分析评价。于是水利水电工程安全监测的问题被逐渐提出和重视，并随监测方法和监测手段的不断改进而逐步发展。

对于大型复杂的水利水电工程，除采取及时有效的工程措施外，布设完善先进的安全监测系统、及时埋设监测设施和进行监测工作，并对监测成果及时分析反馈，是工程安全施工和动态设计的重要保障。同时，也应根据现场开挖揭示的实际地质情况和相关建筑物实际施工方式适时调整、优化监测布置。在水利水电工程施工及运行过程中，安全监测体系均以“耳目”作用直接指导、反馈工程的客观作用与演变。可见，监控工程施工期和运行期的安全，检验已实施的工程措施的效果，并为水利水电工程的实践积累经验，同时研究、完善监测评价体系与预警机制是十分必要的。

安徽省某连拱坝是一座坝高 88.24 m 的混凝土连拱坝，由 15 个垛、16 个拱组成，坝长 311.5 m，库容达 23.4 亿 m^3。1962 年通过垂线观测到坝垛变形发生异常，其中靠近右岸的 13#垛 10 月 17 日向左岸位移 3.81 mm，11 月 6 日中午变成向右岸位移 14.53 mm，但 23 点 15 分又转向左岸位移 28.75 mm，至 9 日向左岸的位移达 42.06 mm。同一时间，该垛向下游的水平位移从 10.44 mm 增加到 19.56 mm。13#垛至 16#垛之间坝基岩石出现裂隙和大量漏水，由此发现坝基失稳，问题严重。由于连拱坝的结构特性，一垛一拱的崩坍将导致大坝崩溃，因而采取了紧急措施，放水后进行加固，才得以转危为安。由此可见，垂线的连续监测数据给人们以明确的警示，从而可避免灾难性后果。

湖南省柘溪大头坝的 1 号、2 号支墩于 1969 年及 1977 年先后发生劈裂，引起国内普遍关注。事故是从检查廊道大量射水才发现的，实际上早有先兆。1969 年夏天当 1 号墩头劈裂前，3 号支墩垂线曾显示严重向右侧移（1 号、2 号墩无垂线）。因先前垂线曾多次中断，迹象不明显。1975 年起该墩又出现向右趋势性变化，至 1977 年 6 月顶部达 8.7 mm，超过了上、下游向变幅。此时方发现 2 号墩头严重劈裂。1977 年上游面堵漏后侧移才逐渐恢复。

瑞士的泽乌齐尔拱坝,该坝高156 m,1957年大坝投入运行到1978年运行一直正常,然而1978年12月该坝拱冠在高水位和低温荷载组合下却开始向上移动。管理部门注意到这个异常变位后即刻通知专家进行研究复查,及时采取各种措施并降低水位运行。后查明拱坝基础变动的主要原因是离坝1.5 km处开挖了一条排放地下水的隧洞。至1980年该坝与蓄水时相比拱冠向上游移动了9 cm,沉陷了10 cm,两岸距离缩短了5 cm。

山西恒山拱坝是我国第一座双曲薄拱坝,高69 m。因怀疑左坝肩抗滑稳定及坝身应力有问题,虽经加固,但自1961年以来一直长期处于低水位运行。该坝观测设施除埋设的内部仪器外,在拱冠梁处有一条正垂线。1987年分析时此垂线资料表明该坝变形一直正常,成为安全论证的主要依据。经充分论证,认为大坝的结构性态是正常的,可以逐步提高运行水位,从而使该工程的经济效益和社会效益得以充分发挥。

综上所述,对水工建筑物进行监测具有十分重要的意义,其主要作用大致可归纳为以下四个方面:

(1)确保工程安全。通过检查观测掌握建筑物状态变化,能及时发现异常并采取加固补强措施,确保工程安全运用。

(2)充分发挥工程效益。通过检查观测,判定建筑物在各种运用条件下的安全程度,以便在确保建筑物安全的前提下,充分发挥工程效益。

(3)验证设计,提高设计水平。通过检查观测可以验证设计中所用公式和参数的正确性,从而提高设计水平。

(4)为科学研究提供资料。其中最重要的目的是:为工程安全运行及评价提供资料,确保工程安全。

五、安全监测仪器设备的发展

(一)国外安全监测仪器设备的发展

国外安全监测仪器设备的发展最早始于18世纪末和19世纪初。1891年,在德国的埃施巴赫重力坝上首先进行了变形观测。1920年,瑞士第一次用大地测量法监测大坝变形。1903年,美国新泽西州布恩顿重力坝最早使用温度计观测大坝温度。1925年,美国爱达荷州亚美利加——佛尔兹坝进行了扬压力观测。1926年,美国斯蒂文逊坝采用碳棒制成的电阻式应变计对混凝土拱坝的应力进行监测。1932年,美国加利福尼亚大学卡尔逊教授发明了差动电阻式传感器,并将其广泛应用于混凝土大坝的应力、应变监测中。差动电阻式仪器因体积小、易于操作、便于野外作业等优点,经过近80年的发展,已成为当今水利水电及其他土木工程的主流监测仪器之一。1919年,德国哈克公司最早生产了由谢弗设计的振弦式应变计。1932年,法国泰勒马克公司生产了由克温设计的另一类型振弦式应变计。苏联学者达维金也于同一时期设计制造了一种弦式仪器,并首先用于第聂伯河列宁水电站的混凝土大坝监测中。弦式仪器发明初期使用220 V交流电源的耳机式频率计测定频率,主要靠耳听来辨别频率,操作十分不便,因此直到20世纪60年代其发展比较缓慢。

20世纪50年代,日本渡边针对卡尔逊式仪器易于受测量系统的电阻影响,特别是电缆芯线电阻及芯线与测量仪表接触电阻的影响而产生较大误差的缺点,发明了以电阻应变片作为敏感元件的贴片式仪器,并开始在日本国内进行推广应用。

20世纪70年代初,随着半导体技术、微电子技术和仪器量测技术的发展,出现了精度可达万分之一的袖珍式频率计,解决了弦式仪器测量精度低、不便于操作的难题。另外,由于弦式仪器的精度和灵敏度均优于卡尔逊式仪器,而且结构简单,容易实现自动化监测,因此20世纪70年代以后,弦式仪器得到广泛应用,其技术也得到了较快的发展。

渗流监测仪器设备最早的雏形是1911年在贝尔富升坝上安装的用白铁皮制成的测压管,直接用带有浮标的测绳观测管中的水位。1935年研制成的水位指示仪埋设在海勒姆坝和埃真谷坝,用压缩空气置换观测管中的水,由压力表和测压计测得压力值。1938年,卡巴罗坝采用了静水压力指示仪,用带有触点的金属膜片压力盒作为测头,渗压水经测头前端的透水面作用到膜片上,触点相接电路接通启动气压使薄膜恢复到初始形状,渗压值则显示在压力表上。1939年,弗雷斯诺坝安装了水压式双管测压计用于测量坝体及坝基的孔隙水压力,这种测压计在美国一直沿用到20世纪80年代,但由于失效率高,且存在结冰及需定期更换压力表等问题,后被气动式测压计取代。近年来,渗压计与渗流量仪有了较快的发展,美国若斯蒙公司、美国基康(Geokon)公司、美国测斜仪Sinco公司、法国泰勒马克(Telemac)公司、加拿大洛克泰司特(Roctest)公司、英国岩土公司等都开发生产了振弦式渗压计,其精度可达到0.1%F.S,仪器具有精度高、反应迅速、长期稳定性好、基本不受温度影响、容易接入自动化观测系统实现远程遥测等优点。

内部变形监测仪器随着20世纪80年代科学技术的发展而得到了飞速的发展。内部变形监测仪器主要有变位计、测斜仪、垂线坐标仪、沉降仪和静力水准仪等。多点位移计是一种应用最为广泛的变位计,又名钻孔伸长计,最早用来测量岩体或土体钻孔内的轴向位移和位移速率。意大利科南昂达(Conaonda)公司于20世纪60~70年代对多点位移计进行改进,用1~6根长度不等的铟钢棒固定在岩石钻孔内的不同深度处(最深可达70 m),在孔中用百分表或传感器量测各点的变形,这种形式的多点位移计一直沿用至今。不同厂家多点位移计的区别主要在于使用的传感器不同,法国泰勒马克公司的多点位移计采用电感式位移传感器,同一钻孔内可达12个测点,深度可达200 m。美国基康公司的多点位移计采用振弦式位移传感器,同一钻孔内最多可达8个测点,深度可达70 m。加拿大阿尔爱司特(RST)公司和洛克泰司特公司也有同类产品。此外,除了永久埋设于岩土体中的多点位移计,一些国外的仪器公司还生产了可回收的多点位移计,如洛克泰司特公司的BOF-EX可回收式钻孔多点位移计等。

测斜仪是另一种应用较为广泛的内部变形监测仪器,它用探头测量互相垂直的两个方向上偏离铅垂线的倾角,并将角度变化转换为水平位移。测斜仪可分为活动式和固定式两种,根据传感器工作原理不同又可分为伺服加速度式、MEMS微电子机械式、电解质式、振弦式、差动电容式等。目前国外生产伺服加速度式测斜仪的公司主要有美国测斜仪公司、美国基康公司、加拿大洛克泰司特公司、加拿大阿尔爱司特公司等。法国泰勒马克公司生产的测斜仪是振弦式的,而瑞士荷根堡公司生产的测斜仪是差动电容式的。

垂线坐标仪是20世纪40年代发展起来的监测坝体、坝肩变形的监测仪器。早期垂线坐标仪是机械接触式的,主要靠钢丝推动传动杆进行读数。20世纪60年代出现了倒垂线,它是采用光学望远镜和测微计来监测大坝相对于倒垂线的位移,从而测得大坝的挠度。随着 20 世纪 80 年代科学技术的突飞猛进，出现了多种新式坐标仪，这些坐标仪实现了从接触式到非接触式的转变，并可以满足远程自动化监测的要求。目前国外应用较多的坐标仪有法国泰勒马克公司和意大利舍利公司生产的变磁阻感应式遥测坐标仪、法国电力公司格勒诺布技术改进处研制的光电二极管编码遥测坐标仪、意大利皮兹公司生产的步进马达驱动差动磁场变化传感器的遥测垂线坐标仪、美国基康公司和加拿大洛克泰司特公司生产的 CCD 式坐标仪等。

（二）国内安全监测仪器设备的发展

我国安全监测是近几十年中伴随水利水电工程建设发展起来的一门涉及岩土体、水工结构、电子仪表、光学物理、统计数学等多种学科的新兴边缘技术学科。20 世纪 70 年代以前称为原型观测，这一时期的典型工程如新安江、丹江口、柘溪、刘家峡等，在这些工程中都布置了比较系统的观测设施，观测工作也取得了较大成绩，积累了许多经验。20 世纪 70 年代中期以后，随着科学技术的发展和安全监测人员的努力工作，监测仪器、安装埋设技术与质量、资料分析以及观测成果的应用等都取得了不少进展，尤其是 20 世纪 80 年代中后期以来，随着电子计算技术的发展与应用，监测仪器自动化采集系统和资料处理分析技术得到了快速发展。这个阶段的工程如葛洲坝、东江、漫湾、隔河岩、二滩等，在监测系统的设计、施工等方面都有较大改进，也相继采用了自动化监测系统，资料方面建立了较完整的电子数据库，在监测仪器方面的应用开始出现多元化的格局，一些振弦式仪器、差动变压器、电感、电容式仪器以及其他类型的监测仪器得到了较为广泛的应用，这些都为水利工程安全监测技术的快速发展积累了经验、奠定了基础。

从我国安全监测技术的发展历程看，可以说是伴随着监测仪器的发展而发展的。20 世纪 60 年代以前，我国大坝安全监测仪器以进口为主；60 年代以后，国产监测仪器质量有了较大提高，逐步投入工程使用；进入 80 年代后，随着仪器制造技术的进步和现代工程技术的需求，一些振弦式、差动变压器式、电感式、电容式仪器得到了较大发展，从此国产监测仪器进入了多元化发展阶段。

1. 变形监测仪器

混凝土大坝上采用正、倒垂线为基准来监测大坝的竖向位移和水平位移，包括挠度。观测仪器多采用垂线坐标仪、引张线仪、静力水准仪等。近年来，这些传统的观测仪器得到了很大的发展，主要体现在精度的提高（由原来的 1 mm 级提高到 0.1 mm 级）和遥测自动化的日臻完善及可靠性的不断提高等。

遥测垂线坐标仪已经从接触式发展到非接触式，非接触式仪器已从步进马达光学跟踪式发展到 CCD 式和感应式。感应式遥测垂线坐标仪的显著特点是技术先进、结构简单、成本低、防水防潮性能优越等。非接触式遥测坐标仪目前主要有差动电容感应式、电磁感应式、变磁阻感应式、CCD（电荷耦合）式和步进马达式等，国内厂家也已达到很高的水平。

遥测引张线仪主要有步进电机光电跟踪式、电容感应式、电磁感应式和 CCD 式等引张线仪。引张线的自动化测量是近年来我国发展最快、效果最好的领域。

遥测静力水准仪近年来得到了较快的发展，以前多是采用进口仪器，近年来国内已有多种原理的静力水准仪。静力水准仪是应用连通管原理测量测点间的相对位移。一侧沉降将引起浮子升降，通过各种量测技术来测量浮子的升降，从而观测点间的相对位移。目前主要有电容感应式、差动变压器位移传感器式、步进马达式和振弦式等静力水准仪。

2. 光纤传感器

光纤传感器是新近发展起来的体积小、精度高、不受电磁干扰、抗腐蚀性环境的传感器,可用以测量温度、位移、应变、压力等物理量。该新型仪器最大的优点是不受电磁干扰,目前防雷抗干扰已经成为我国大坝安全监测自动化中最为棘手的问题。光纤传感器的使用为彻底解决防雷抗干扰的问题创造了条件。

尽管光纤传感器在国内水利工程中的应用尚处于起步阶段,但由于其他传感器无法比拟的优越性,将使其具有十分广泛的应用潜力,独领风骚几十年的发展前景可能成为不远的现实。以加拿大洛克泰司特公司为例,他们开发的能用于水利工程的传感器已数十种且逐步系列化,分辨率 0.1 ℃的温度传感器、精度达 0.02 mm 的位移计、0.1%F.S 的压力传感器等已成功应用于水利工程。

3. 差动电阻式传感器

差动电阻式传感器近年来解决了长导线电阻、总线电阻变差对测值的影响,并实现自动化遥测,得到很大发展。尽管其他仪器的发展和进步已在某些方面对差阻式仪器的应用产生影响,但从国内工程已经使用万支级的绝对数量上看,差阻式仪器的自动化测量仍具有重大意义。目前差阻式仪器由 3 线制改为 5 线制测量方式,仪器电阻、电阻比测量精度、遥测距离、抗干扰能力均优于国外厂家,处于国际先进水平。

4. 弦式传感器

国内开发研制弦式仪器已有 40 多年的历史,随着大坝监测自动化的发展,弦式传感器近年也取得一些进步,且品类、系列较齐全,但与国外同类产品相比,仍有一定的差距。至 2001 年,弦式仪器精度、性能、外观都有较大的改观,仅从精度上讲,优质产品能够达到≤1%F.S,与 1992 年颁布的《岩土工程用振弦式压力传感器》(GB/T 13606—92)规定的 2.5%F.S 综合误差相比,已有较大的提高;同时,大多数传感器已增加测温功能和对其进行温度补偿修正,率定精度也有所提高。现已有一些厂家通过了 ISO9002 质量体系认证。

近几年,许多新的设备引入了大坝监测系统。比如,滑动微分仪、差分仪或延展仪、激光测距仪以及为了测量沥青混凝土心墙变形的磁性仪器。热梯度面检查可以发现渗漏。声学装置可以发现裂纹。经纬仪在确定自身的位置后,可以测出水库边坡的一系列标高。更多精确的全球定位系统设备和方法可用于监测位移。远程摄像机可以对暂时无法接近的大坝的全貌进行拍摄,它也可以监测溢洪道或泄洪底孔的安全,并对为了防止遭受破坏而未经许可不得进入的附属设施和控制单元进行监测。遥控机器人可以对水下的坝体、进水口和压力管道进行检查,而无需抽干水库。光导纤维传输信号不但可以避免光照影响、电波频率和电磁波的干扰,而且可以对光纤传感器检测到的压力和应力分布以及温度在整个长度范围内的变化以高精度传输。

模块八

安全监测仪器原理及分类

量测

一般来说,水工安全监测仪器设备所处的工作环境条件都比较恶劣,有的仪器设备暴露在很高的边坡上,常年遭受日晒风吹;有的仪器设备深埋于几百米下的坝体或基础中;有的仪器设备长期处于潮湿的工作环境或位于较深的水下;有的仪器设备埋设于岩土体或水工建筑物的外面,经常受到施工爆破或人为损坏的威胁;有的仪器设备要在零上至零下几十度的变温条件下工作;有的仪器设备要在酸性或碱性较强的环境中工作。大部分仪器设备埋设完成后就无法进行修复或更换,因此对安全监测仪器设备除必须具备良好的技术性能,满足必要的使用功能外,通常设计制造要满足以下要求:

(1)高可靠性。设计要周密,要采用高品质的元器件和材料制造,并要严格地进行质量控制,保证仪器设备安装埋设后具有较高的完好率。

(2)长期稳定性好。零漂、时漂和温漂满足设计和使用所规定的要求,一般有效使用寿命不低于15年。

(3)精度较高。必须满足安全监测实际需要的精度,有较高的分辨率和灵敏度,有较好的直线性和重复性,观测数据不受长距离和环境温度变化的影响,如果有影响,其测值误差应易于消除。仪器设备的综合误差一般应控制在2%F.S以内。

(4)耐恶劣环境。可在温度-25~80 ℃,湿度95%以上的条件下长期连续运行,设计有防雷击和过载保护装置,耐酸、耐碱、防腐蚀。

(5)密封耐压性好。防水、防潮、密封性良好,绝缘度满足要求,在水下工作要能承受设计规定的耐水压能力。

(6)操作简单。埋设、安装、操作方便,容易测读,最好是直接数显。中等文化水平的观测人员经过短期培训就能掌握使用。

(7)结构牢固。能够耐受运输时的振动和在工地现场埋设安装时可能遭受的碰撞、倾倒。在混凝土或土层振捣或碾压时不会损坏。

(8)维修要求不高。选用易于采购的元器件,便于检修和定时更换,局部故障容易排除。

(9)适于施工。埋设安装时与工程施工干扰小,能够顺利安装的可能性大,尽量不需要交流电源和特殊的影响土建施工的手段。

(10)费用低廉。包括仪器设备采购价格、维修费用和施工费用,配套的测读仪表,传输信号的电缆等直接费用和间接费用应尽可能低廉。

(11)能够遥测。自动化监测系统容易配置。

以上这些要求构成了比较理想的监测仪器,实际上十全十美的仪器设备是很难实现的,往往性能较好的仪器设备费用较高。实际产品应与工程等级相匹配,经济合理,需根据功能需要、技术设计可能性、制造工艺的保证程度以及质量控制手段来共同创造。

水工安全监测仪器设备按传感器分类有振弦式、差动电阻式、电感式、电容式、压阻式、电位器式、热电偶式、光纤光栅、静态电阻应变片式、动态电阻应变片式、伺服加速度式、电解质式、磁致伸缩式、气压式仪器等,目前比较常用的是振弦式和差动电阻式仪器两种。

水工安全监测仪器设备按监测物理量进行分类有:变形监测仪器设备,应力、应变监测仪器设备,渗流监测仪器设备,动力学及水力学监测仪器设备等。其中,变形监测仪器包括外部变形监测仪器和内部变形监测仪器。外部变形监测仪器主要有经纬仪、水准仪、测距仪、全站仪等。内部变形监测仪器主要有沉降仪、静力水准仪、钢丝位移计、土位移计、垂线坐标仪、激光准直仪、垂直传高仪、滑动测微计、多向位移计、多点位移计、测缝计、测斜仪、基岩变形计、裂缝计、位错计、收敛计、倾角计等。与外部变形监测仪器配套的监测设备有变形观测墩、水准点等,变形观测墩上安装有强制对中基座,水准点上安装有水准标芯,以便于实行高精度测量。

应力、应变监测仪器有无应力计、应变计(组)、钢筋应力计、钢板计、锚杆应力计、锚索测力计、土压力计、温度计等。每一类仪器因使用的传感器不同,可以分为很多种,如锚杆应力计,可分为振弦式锚杆应力计、差动电阻式锚杆应力计、电感式锚杆应力计以及光纤光栅式锚杆应力计等。

渗流监测仪器主要有测压管、孔隙水压力计(渗压计)、水位计、量水堰等,其中量水堰主要用于监测渗漏量。此外,一些新型监测方法也可用于监测水库大坝的渗漏状况,如分布式光纤测温系统,可通过监测水工建筑物或基岩的温度场分布及变化,从而监测出渗漏点和渗漏规模。另外,同位素示踪法等也被用于监测水库大坝的渗漏情况。

动力监测仪器有速度计、加速度计和动态电阻应变片等,用于监测水工建筑物在爆破、地震、动载等作用下的振动效应。

水力学监测仪器主要有脉动压力计、水听器和流速仪,用于监测水流流态、时均压力、脉动压力、流速及水工建筑物在高速水流作用下的振动情况。

一、振弦式传感器

振弦式传感器由受力弹性外壳(或膜片)、钢弦、坚固夹头、激振线圈和接收线圈等组成。钢弦常用高弹性弹簧钢、马氏不锈钢或钨钢制成,它与传感器受力部件连接固定,利用钢弦的自振频率与钢弦所受到的外加张力关系式测得各种物理量。由于它结构简单可靠,传感器的设计、制造、安装和调试都非常方便。而且在钢弦经过热处理之后其蠕变极小,零点稳定。振弦式传感器工作原理见图 8-1。

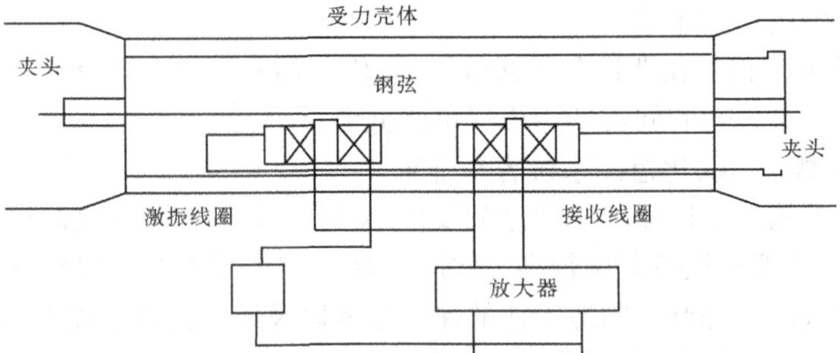

图 8-1 振弦式传感器工作原理

振弦式传感器是根据钢弦张紧力与谐振频率成单值函数关系设计而成的。由于钢弦的自振频率取决于它的长度、钢弦材料的密度和钢弦所受的内应力。其关系式为:

$$f=\frac{1}{2}L\sqrt{\frac{\sigma}{\rho}} \tag{8-1}$$

式中　f——钢弦自振频率；

L——钢弦有效长度；

σ——钢弦的应力；

ρ——钢弦材料密度。

由式(8-1)可以看出，当传感器制造成功之后，所用的钢弦材料和钢弦的直径有效长度均为不变量。钢弦的自振频率仅与钢弦所受的张力有关。因此，张力可用频率f的关系式来表示：

$$F = K(f_x^2 - f_0^2) + A \tag{8-2}$$

式中　F——钢弦张力；

K——传感器灵敏系数；

f_x——张力变化后的钢弦自振频率；

f_0——传感器钢弦初始频率；

A——修正常数(在实际应用中可设为“0”)。

二、差动电阻式传感器

差动电阻式传感器是美国人卡尔逊研制成功的，因此又习惯被称为卡尔逊式仪器。这种仪器利用张紧在仪器内部的弹性钢丝作为传感元件将仪器受到的物理量转变为模拟量，所以国外也称这种传感器为弹性钢丝式仪器。

由物理学知识可知，当钢丝受到拉力作用而产生弹性变形时，其变形与电阻变化之间有如下关系式：

$$\Delta R/R = \lambda \Delta L/L \tag{8-3}$$

式中　ΔR——钢丝电阻变化量；

R——钢丝电阻；

λ——钢丝电阻应变灵敏系数；

ΔL——钢丝变形增量(见图8-2)；

L——钢丝长度。

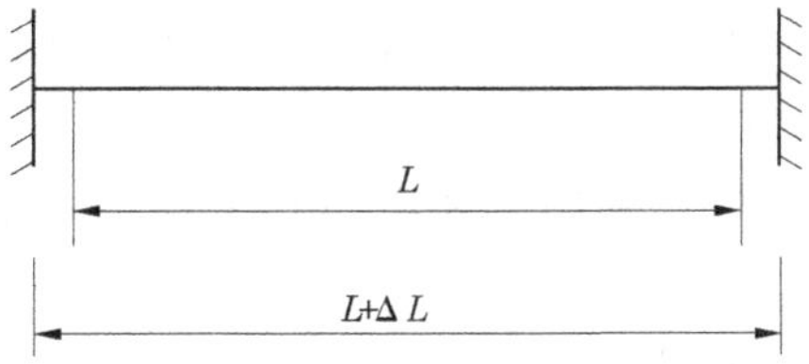

图8-2　电阻丝变形示意图

仪器的钢丝长度的变化和钢丝的电阻变化是线性关系，测定电阻变化，利用式(8-3)可求得仪器承受的变形。另外，钢丝还有一个特性，当钢丝受不太大的温度改变时，钢丝电阻随其温度变化之间有如下近似关系：

$$R_T = R_0(1 + \alpha T) \tag{8-4}$$

式中　R_T——温度为T℃时的钢丝电阻；

R_0——温度为 0 ℃时的钢丝电阻；

α——电阻温度系数，一定范围内为常数；

T——钢丝温度。

只要测定了仪器内部钢丝的电阻值，就可以计算出仪器所在环境的温度值。

差动电阻式传感器基于上述两个原理，利用弹性钢丝在力的作用和温度变化下的特性设计而成，把经过预拉长度相等的两根钢丝用特定方式固定在两根方形断面的铁杆上，钢丝电阻分别为 R_1 和 R_2，因为钢丝设计长度相等，R_1 和 R_2 近似相等。差动电阻式传感器结构见图 8-3。

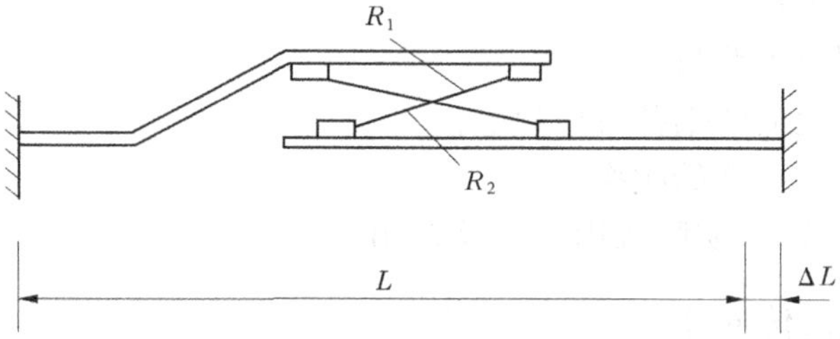

图 8-3　差动电阻式传感器结构图

当仪器受到外界的拉压而变形时，两根钢丝的电阻产生差动的变化，一根钢丝受拉，其电阻增加，另一根钢丝受压，其电阻减小，两根钢丝的串联电阻不变而电阻比 R_1/R_2 发生变化，测量两根钢丝电阻的比值，就可以求得仪器的变形或应力。

当温度改变时，引起两根钢丝的电阻变化是同方向的，温度升高时，两根钢丝的电阻都减少。测定两根钢丝的串联电阻，就可求得仪器测点位置的温度。

差动电阻式传感器的读数装置是电阻比电桥（惠斯通型），电桥内有一可以调节的可变电阻 R，还有两个串联在一起的 50 Ω 固定电阻 $M/2$，将仪器接入电桥，仪器钢丝电阻 R_1 和 R_2 就和电桥中可变电阻 R，以及固定电阻 M 构成电桥电路。

图 8-4（a）是测量仪器电阻比的线路，调节 R 使电桥平衡，则有：

$$R/M = R_1/R_2 \tag{8-5}$$

因为 $M=100\ \Omega$，故由电桥测出的 R 值是 R_1 和 R_2 之比的 100 倍，$R/100$ 即为电阻比。电桥上电阻比最小读数为 0.01%。

图 8-4（b）是测量串联电阻时，利用上述电桥接成的另一电路，调节 R 达到平衡时，则有：

$$(M/2)/R = (M/2)/(R_1 + R_2) \tag{8-6}$$

简化式（8-6）得：

$$R = R_1 + R_2 \tag{8-7}$$

这时从可变电阻 R 读出的电阻值就是仪器钢丝的总电阻，从而求得仪器所在测点的温度。

综上所述，差动电阻式仪器以一组差动的电阻 R_1 和 R_2，与电阻比电桥形成桥路从而测出电阻比和电阻值两个参数，来计算出仪器所承受的应力（变形）和测点的温度。

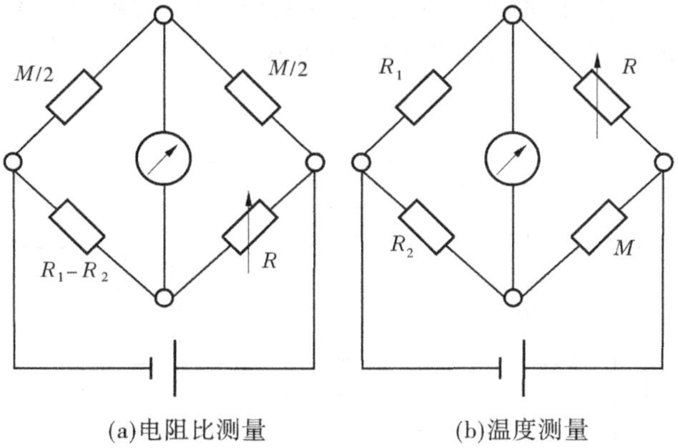

图 8-4　电桥原理图

三、电感式调频式传感器

电感式调频式传感器是建立在电磁感应基础上的，利用线圈的电感变化来实现非电量电测。它可以把输入的各种机械物理量如位移、振动、压力、应变、流量、比重等参数转换成电量输出，可以实现信息的远距离传输、记录、显示和控制。根据工作原理的不同，电感式传感器可分为变磁阻式（自感式）、差动变压器式和螺线管式变压器式等。

（一）变磁阻式传感器

虽然变磁阻式传感器的结构形式多种多样，但基本包括线圈、铁芯和活动衔铁 3 个部分。变磁阻式传感器的结构形式如图 8-5 所示。

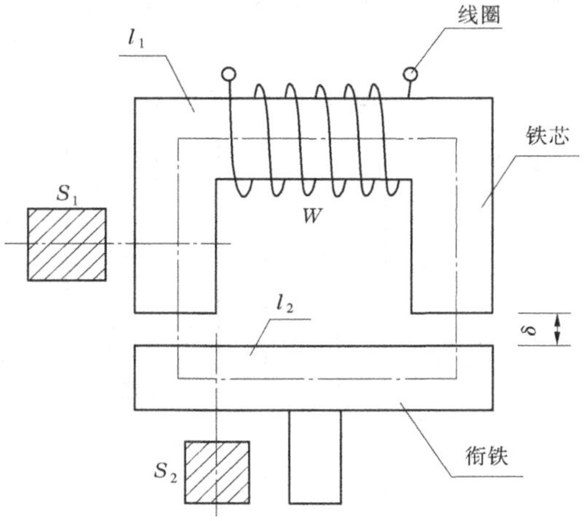

图 8-5　变磁阻式传感器结构图

铁芯和衔铁均由导磁材料如硅钢片或镀膜合金制成，可以是整体的或者是迭片的，衔铁和铁芯之间有空气隙 δ。当衔铁移动时，磁路中气隙的磁阻发生变化，从而引起线圈电感的变化，这种电感的变化与衔铁位置即气隙大小相对应。因此，只要能测出这种电感量的变化，就能判定衔铁位移量的大小。变磁阻式传感器就是基于这个原理设计制作的。

（二）差动变压器式传感器

差动变压器式传感器又称为互感式传感器，它把被测的非电量变化转换为线圈互感量的变化。差动变压器的结构形式有变隙式、变面积式和螺线管式等,它们的工作原理基本上是相同的。差动变压器式传感器结构见图 8-6。

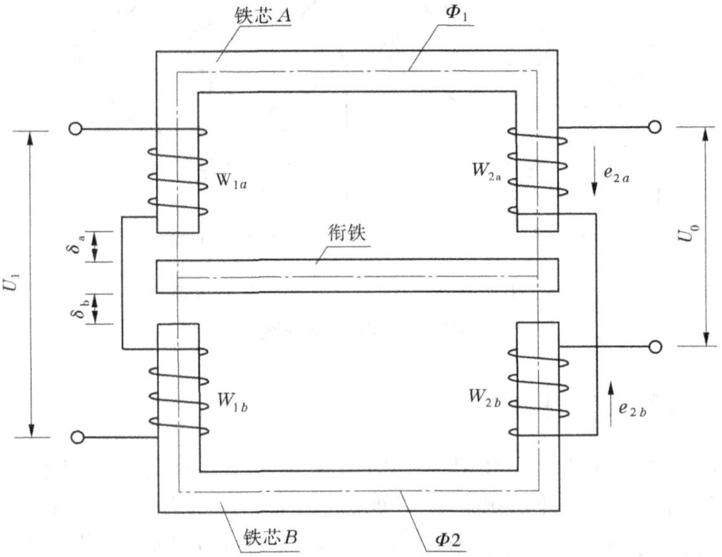

图 8-6　差动变压器式传感器结构图

(三)螺线管式变压器式传感器

螺线管式变压器式传感器的结构形式如图 8-7 所示。它由位于中间的一次绕组(匝数 W_1)、两个位于边缘的二次绕组(反向串接,匝数分别为 W_{2a} 和 W_{2b})和插入绕组中央的圆柱形铁芯组成。

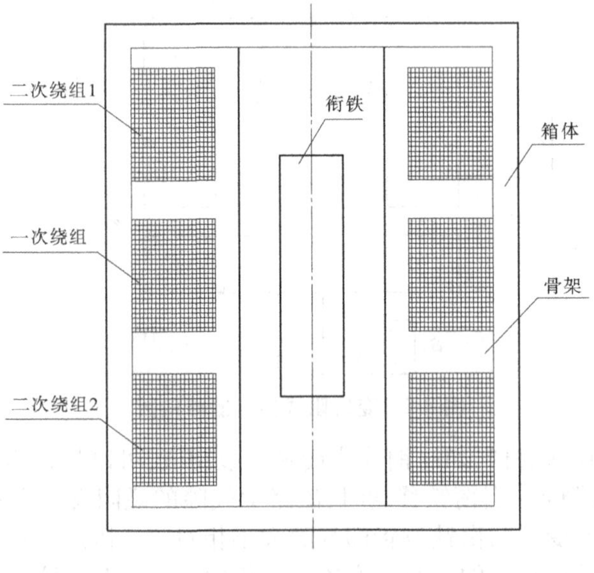

图 8-7　螺线管式变压器式传感器结构图

螺线管式变压器的工作原理与变隙式差动变压器的工作原理基本相同。当衔铁发生位移时,上、下部二次绕组的磁通发生改变,从而影响互感系数和互感电动势,并最终影响差动变压器的输出电压,同样地,根据输出电压的大小和极性就可以判断出被测物体位移的大小和方向。

四、电容式传感器

电容式传感器是将非电量的变化转换为电容量变化来实现对物理量的测量。电容式传感器具有结构简单、体积小、分辨率高、动态响应好、温度稳定性好、电容量小等优点,同时也存在负载能力差、易受外界干扰产生不稳定现象等缺点。电容式传感器广泛用于位移、振动、角度、加速度、压力、差压、液面等的测量。平板电容器见图 8-8。

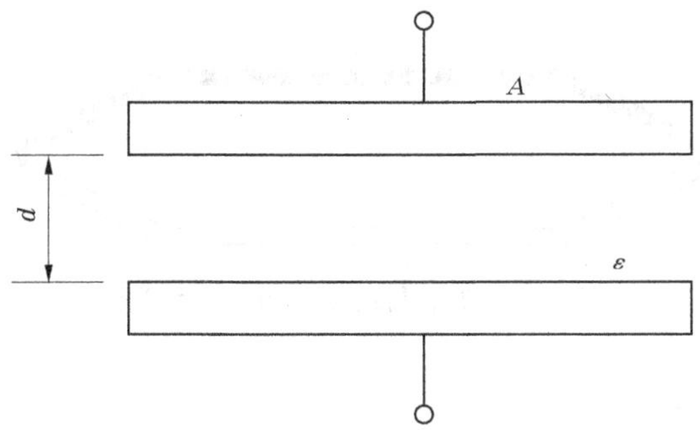

图 8-8　平板电容器

五、电位器式传感器

电位器式传感器可将位移或其他形式的能转换为位移的非电量,转换为与其有一定函数关系的电阻值的变化,从而引起电路中输出电压的变化。

电位器式传感器由电阻体、电刷、转轴、滑动臂及焊片等组成(见图 8-9),电阻体的两端和焊片 A、C 相连,则 A、C 端的电阻值就是电阻体的总电阻值。转轴是和滑动臂相连的,调节转轴时滑动臂随之转动。在滑动臂的另一端装有电刷,它靠滑动臂的弹性压在电阻体上并与之紧密接触,滑动臂的另一端与焊片 B 相连。

电位器式传感器的电路图如图 8-10 所示,转轴上的电刷将电阻体电阻 R_0 分为 R_{12} 和 R_{23} 两部分,输出电压为 U_{12}。改变电刷的接触位置,电阻 R_{12} 亦随之改变,输出电压 U_{12} 也随之变化。由于电刷和电位器的转轴是连接在一起的,转轴的转动(位移或其他物理量)可改变输出电压,测量输出电压即可转换成相应的位移量或其他物理量。

六、热电偶式传感器

热电偶是一种利用金属的热电效应将温度的变化直接转变为电信号的温度传感器(见图 8-11)。热电偶是应用最广泛的测温元件之一,其主要优点是测温范围广、精度高、性能稳定、结构简单、动态性能好、信号便于处理和远距离传输。

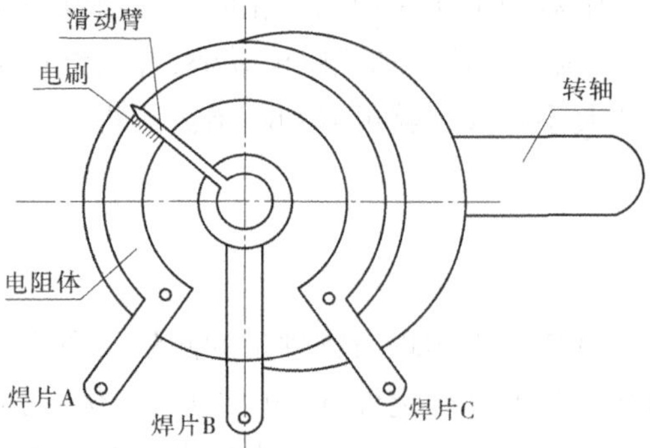

图 8-9　电位器式传感器结构图

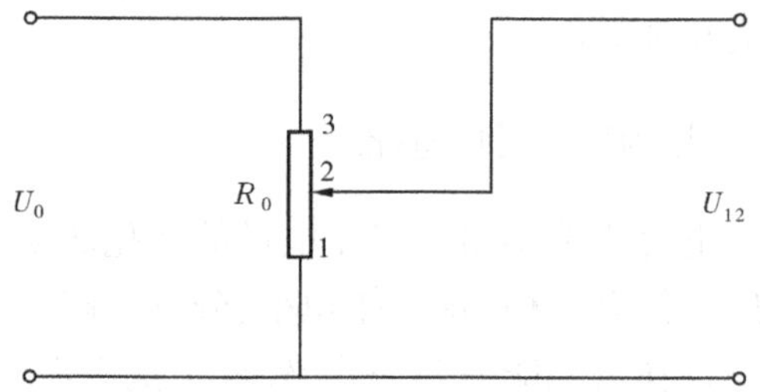

图 8-10　电位器式传感器的电路图

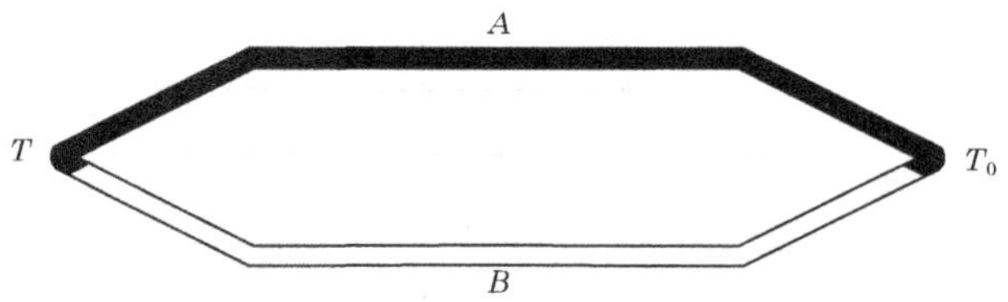

图 8-11　热电偶式传感器结构示意图

七、光纤光栅传感器

光栅是在一块长条形的光学玻璃上均匀地刻上许多与运动方向垂直的线条，线条之间的距离（称为栅距）可以根据所需的精度决定，一般每毫米刻 50、100、200 条线。长光栅 G_1 装在机床的移动部件上，称为标尺光栅；短光栅 G_2 装在机床的固定部件上，称为指示光栅。两块光栅互相平行并保持一定的间隙（如 0.05 mm 或 0.1 mm 等），而两块光栅的刻线密度相同。如果将指示光栅在其自身的平面内转过一个很小的角度，这样两块光栅的刻线相交，当平行光线垂直照射标尺光栅时，则在相交区域出现明暗交替、间隔相等的粗大条纹，称为莫尔条纹。

由于两块光栅的刻线密度相等，即栅距 ω 相等，使产生的莫尔条纹的方向与光栅刻线方向大致垂直。当 θ 很小时，莫尔条纹的节距 $W=\dfrac{\omega}{\theta}$，这表明莫尔条纹的节距是栅距的 $1/\theta$ 倍。当标尺光栅移动时，莫尔条纹就沿与光栅移动垂直的方向移动。当光栅移动一个栅距 ω 时，莫尔条纹就相应准确地移动一个节距 W，也就是说，两者一一对应。只要读出移过莫尔条纹的数目，就可知道光栅移过了多少个栅距，而栅距在制造光栅时是已知的，所以光栅的移动距离就可以通过光电检测系统对移过的莫尔条纹数进行计数、处理后自动测量出来。

光栅的刻线是无法用肉眼来分辨的，但它的莫尔条纹却清晰可见。这种放大特点是莫尔条纹系统的独具特点。莫尔条纹的另一特点，就是平均效应。因为莫尔条纹是由若干条光栅刻线组成的，若光电元件接收长度为 10 mm，在 $\omega=0.01$ mm 时，光电元件接收的信号由 1 000 条刻线组成，所以制造上的缺陷，例如间断地少几根线，只会影响千分之几的光电效果。因此，用光栅测量长度，决定其精度的要素不是一根刻线，而是一组线的平均精度。莫尔条纹几何关系见图 8-12。

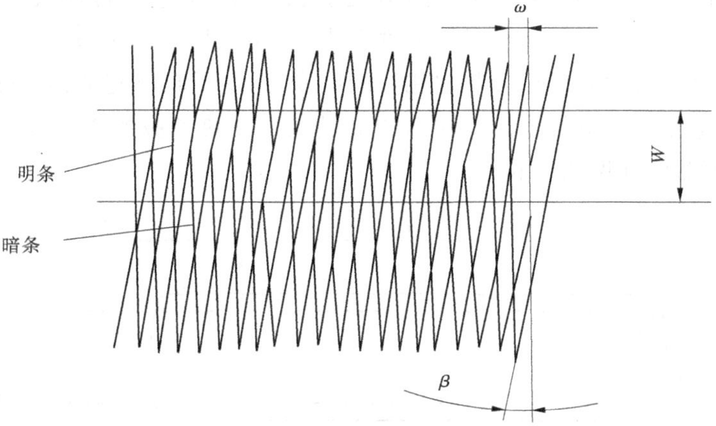

图 8-12　莫尔条纹几何关系图

光纤光栅传感系统主要由宽带光源、光纤光栅传感器、信号解调等组成（见图 8-13）。宽带光源为系统提供光能量，光纤光栅传感器利用光源的光波感应外界被测量的信息，外界被测量的信息通过信号解调系统实时地反映出来。

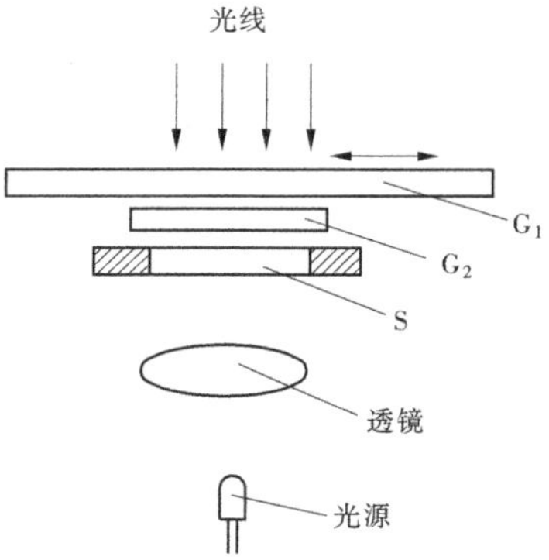

图 8-13　光纤光栅传感系统组成图

光纤光栅主要分两大类：一是 Bragg 光栅（也称为反射或短周期光栅）；二是透射光栅（也称为长周期光栅）。光纤光栅从结构上可分为周期性结构和非周期性结构，从功能上还可分为滤波型光栅和色散补偿型光栅，色散补偿型光栅是非周期光栅，又称为啁啾光栅（chirp 光栅）。

光栅 Bragg 条件：

$$\lambda_b = 2n\lambda \tag{8-8}$$

式中　λ_b——Bragg 波长；

n——光栅的有效折射率，即折射率调制幅度大小的平均效应；

λ——光栅周期，即折射率调制的空间周期。

当光波传输通过光纤光栅传感器（FBG）时，满足 Bragg 条件的光波将被反射回来，这样入射光就分成透射光和反射光。FBG 的反射波长或透射波长取决于反向耦合模的有效折射率 n 和光栅周期 λ，任何使这两个参量发生改变的物理过程都将引起光栅 Bragg 波长的漂移，测量此漂移量就可直接或间接地感知外界物理量的变化。

八、静态电阻应变片式传感器

静态电阻应变片式传感器是利用电阻应变片将应变转换为电阻变化的传感器。传感器由在弹性元件(感知应变)上粘贴电阻应变敏感元件(将应变转换成电阻变化)构成。当补测物理量作用在弹性元件上,弹性元件在力、力矩或压力等的作用下发生变形,变换成相应的应变或位移,然后传递给与之相连的应变片,将引起应变敏感元件的电阻值发生变化,通过转换电路变成电量输出。输出的电量大小反映了被测物理量的大小。静态电阻应变片式传感器原理见图 8-14。

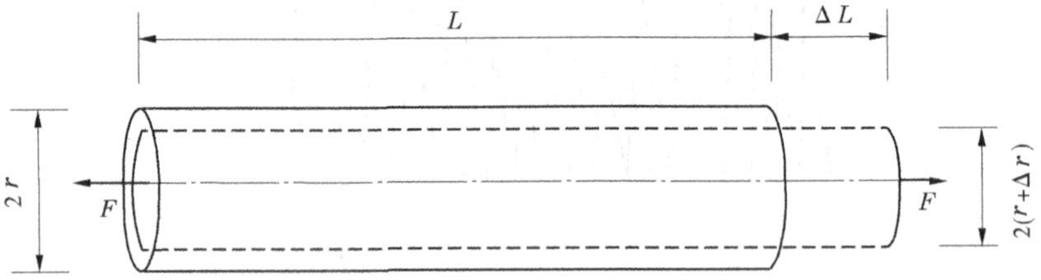

图 8-14 静态电阻应变片式传感器原理图

模块九

变形监测

量

测

一、视准线法

视准线法是通过建筑物轴线或平行于建筑物轴线建立固定不动的铅直或水平基准线，根据它来测定建筑物的水平位移。

视准线的优点是结构简单、投资小、便于布置与维护、观测值直观可靠；缺点是视线长度及布置位置受光学观测仪器设备的性能影响(宜小于 300 m)，不便于实现自动化监测，需选择合适的观测时段，避免受大气折光的影响。

(一)活动觇标法

1. 监测原理

活动觇标法是将经纬仪(或全站仪)安置在工作基点 A，照准另一工作基点 B(安装固定觇标)，构成视准线，该视准线作为观测水平位移的基准线。将活动觇标安置于位移测点上，将觇标图案的中线与视准线重合，然后利用觇标上的分划尺及游标读取测点的偏离值，即为活动觇标法。要求视准线上各测点均在同一准直线上(见图 9-1)，且测点位移的变化量在活动觇标的量程范围内。

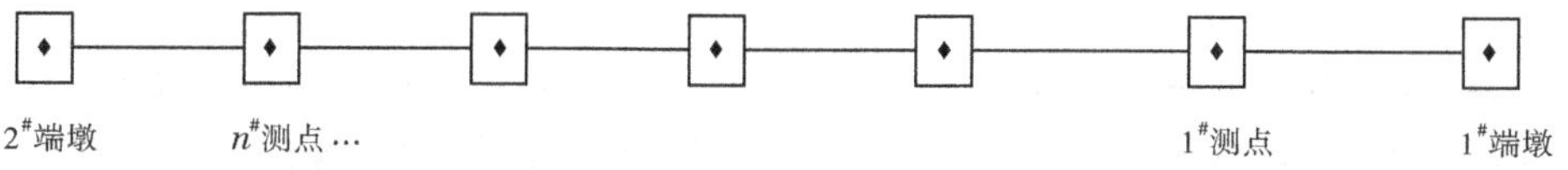

图 9-1　视准线布设示意图

2. 仪器结构

活动觇标法所用仪器结构分别见图 9-2、图 9-3。

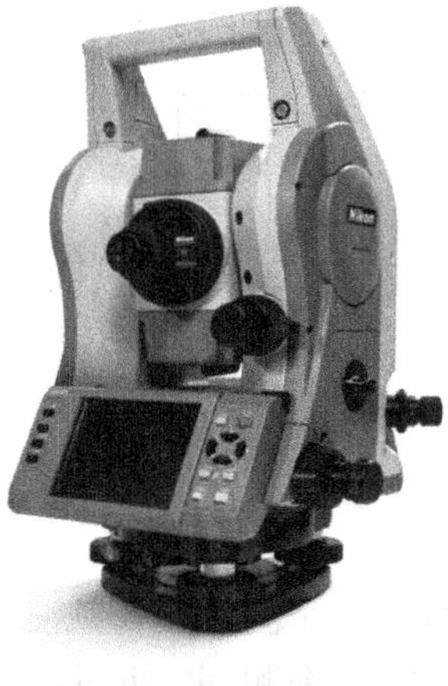

图 9-2　全站仪

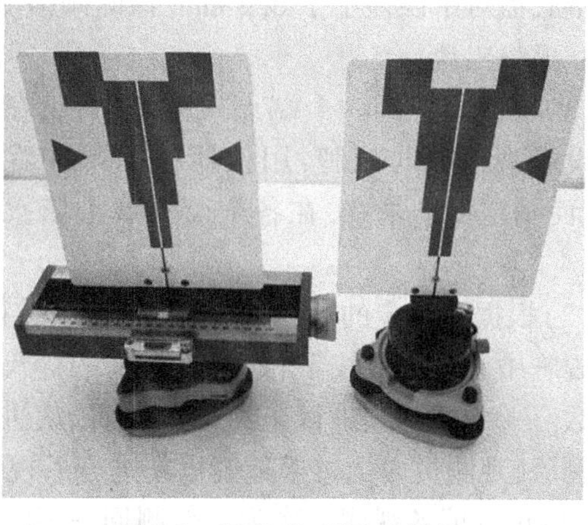

图 9-3　固定式、活动式觇标

(1)水平位移工作基点安装埋设。

水平位移工作基点本身结构应该稳定、坚固，应该埋设在稳定的原状土或基岩上(见

图 9-4、图 9-5)，工作基点墩高度不得小于 1.2 m，埋设深度不少于 1.5 m 且深度应该在冻土层以下，两个工作基点视线旁离障碍物 1.0 m 以上，并远离高压线、变电站、发射台等；安装的强制对中底盘对中误差小于 0.2 mm，盘面倾斜度小于 4′。

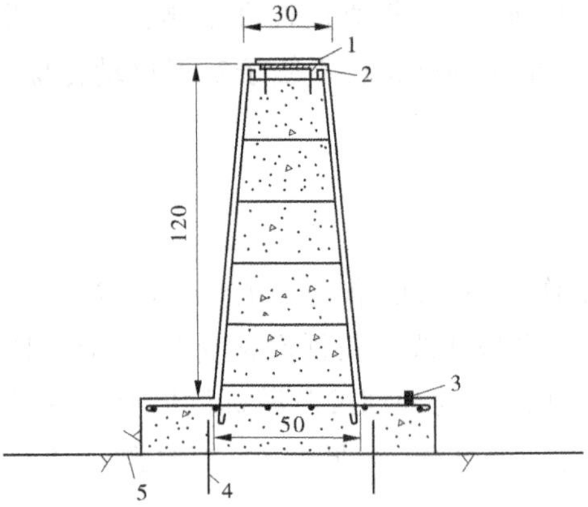

1—保护盖；2—强制对中底盘；

3—水准标心；4—插筋；5—岩基面。

图 9-4　岩基上的水平位移工作基点墩结构示意图　（单位：cm）

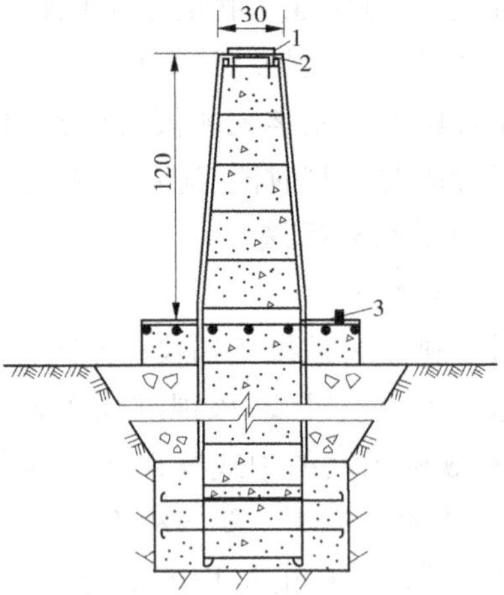

1—保护盖；2—强制对中中心；

3—水准标心。

图 9-5　土基上的水平位移工作基点（测点）墩结构示意图　（单位：cm）

（2）位移标点安装埋设。

位移标点（见图 9-6）按照设计图纸埋设在渠道和建筑物相应的位置上，其变形应能够代表被测对象的位移，规程规范要求测点墩高度不得小于 1.2 m，安装的强制对中底盘对中误差小于 0.2 mm，盘面倾斜度小于 4′。

3. 现场测读

（1）在视准线的一个端点架设全站仪，在另一个端点架设后视棱镜与觇牌，用仪器精确照准后视觇牌中心，从而确定视准基线，在各个监测点上依次架设活动觇牌。

（2）根据已固定的视准线，活动觇牌左右移动，直至活动觇牌中心与视准线重合，对觇牌上的标尺和游标进行读数。一般要连续进行 4 组读数，当依次进行完第一次观测后，观测员应倒转望远镜重新进行后视测量，再依次对每一个测点进行观测。

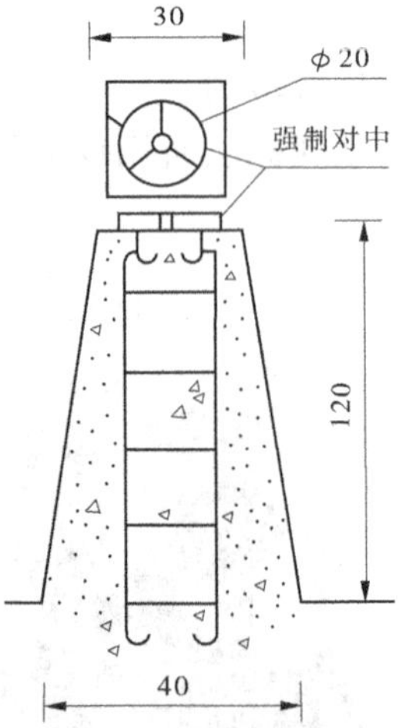

图 9-6　位移标点　（单位：cm）

（3）正倒镜各观测一次为一个测回，一组点需连续观测 2～3 个测回。每半个测回 4 次读数差、上下两个半测回的读数差、测回间数值差均应满足观测设计规定的限差要求，如有超限应及时进行补测。

由于活动觇牌是机械结构的，容易发生隙动差，在每次观测时应测定觇牌的零位差，即在与视准线重合时觇牌的读数(零位),并以此为基准确定监测点是左偏或右偏。为提高零位的测量精度,应尽量选择较短的边来进行测定。

活动觇牌的读数量程有限(一般有效量程在 100 mm 左右),不适宜用在水平位移变化量大的观测项目。

本次位移量:

$$\Delta_i = (P_i - Q_i) - \Delta_{i-1} \tag{9-1}$$

至本次累计位移量:

$$\Delta_i' = (P_i - Q_i) - \Delta_0 \tag{9-2}$$

式中　P_i——本次观测时的读数;

Q_i——本次观测时的觇牌归零差;

Δ_{i-1}——上次位移变化量;

Δ_0——初始变化量。

(二)小角法

小角法观测方法见图 9-7,A、B 为固定工作基点,C 为位移测点,为了测定 C 点的偏离值,将经纬仪或全站仪安置于 A 点,在后视的固定工作基点 B 和位移标点 C 上同时安置固定觇牌,测出固定视准线 AB 方向线与位移标点 AC 间的微小水平角 β(以秒计),并据此计算偏离值,即

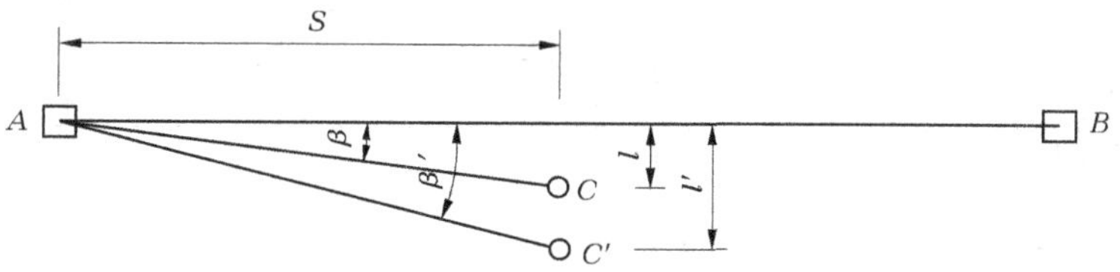

图 9-7　小角法观测示意图

$$l = \beta/\rho S \tag{9-3}$$

式中　l——测点水平偏移值,mm;

β——测点偏离基准线的角度,(″);

$\rho = 206\ 265''$;

S——测点到工作基点的平距,mm。

$$l' = \beta'/\rho S \tag{9-4}$$

式中　l'——测点水平偏移值,mm;

β'——测点偏离基准线的角度,(″);

$\rho = 206\ 265''$;

S——测点到工作基点的平距,mm。

$l'-l$ 即为本次位移值。

视准线法观测限差见表 9-1。

表 9-1　视准线法观测限差

观测方法	正镜或倒镜两次读数差	2 测回观测值之差
活动觇标法	2.0 mm	1.5 mm
小角法	4.0″	3.0″

二、激光准直系统

由于激光具有良好的方向性、单色性，具有较长的相干距离，采用经准直的激光束来作为测量的基准线，可以实现有较长的工作距离、较高测量精度的位移自动化观测。真空激光准直系统在一个人为创造的真空环境中，完成各测点的测量采样，其观测精度受环境影响较小，长期工作稳定可靠，测量精度可达 $0.5\times10^{-6}L$（L 为激光准直的长度）以上，可用于直线型混凝土大坝的水平、垂直方向位移监测。

（一）监测原理

真空激光准直系统采用 He-Ne 激光器发出一束激光，穿过与大坝待测部位固结在一起的波带板（菲涅耳透镜），在接收端的成像屏上形成一个衍射光斑。利用 CCD 坐标仪测出光斑在成像屏上的位移变化，即可求得大坝待测部位相对于激光轴线的位移变化。激光准直系统工作原理见图 9-8。

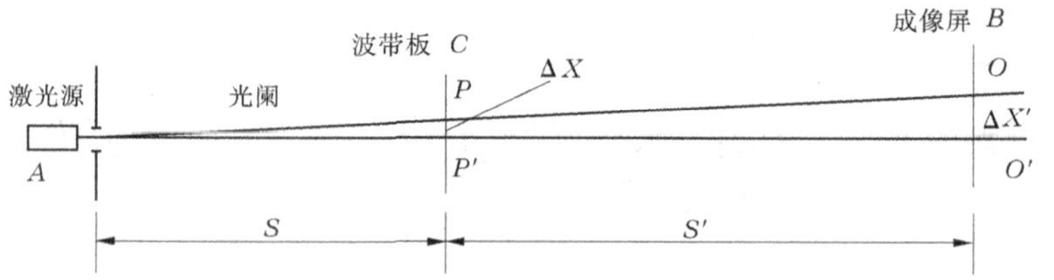

图 9-8　激光准直系统工作原理简图

（二）仪器结构

真空激光准直系统是以激光准直光线为基准，测出各测点相对于该基准光线（轴）的位移变化。测值反映了各测点相对于系统的激光发射端和接收端的位移变化。因此，一个完整的真空激光准直系统由激光发射部件、测点部件、激光接收部件、真空管道、真空发生设备、真空度检测设备、系统控制箱、数据采集及控制系统等构成。真空激光准直系统的结构见图 9-9。

1. 激光发射部件

采用激光器作为准直系统的光源，单色性好，光束光强分布均匀。激光管前置组合光阑，与发射端底板固定。激光管支撑在具有方向调节功能的支架上，便于激光管的维修更换。

2. 测点部件

测点部件由在大坝待测部位设置的一块波带板及由单片机控制的翻转机构（均安装在密封的测点箱内）构成。在测量时，由微机发送命令，启动该测点单片机，举起波带板

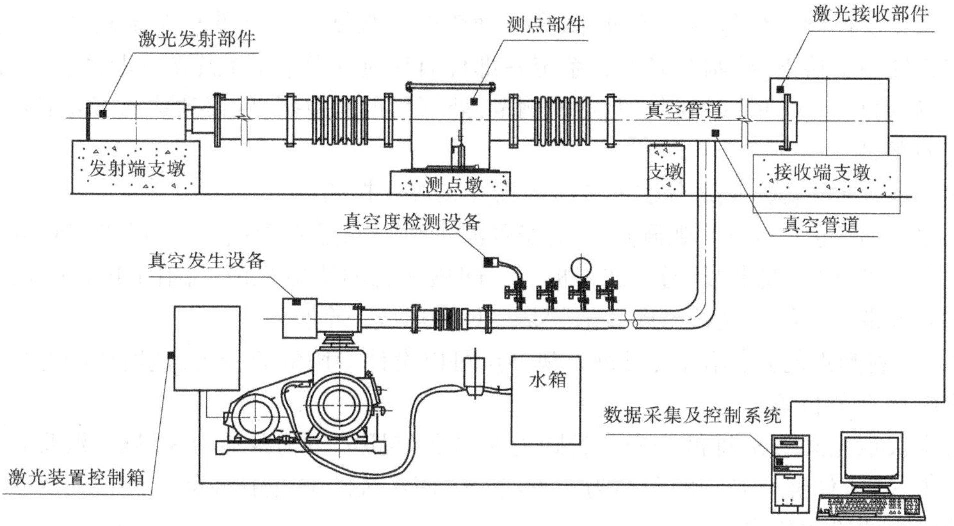

图 9-9　真空激光准直系统的结构图

进入激光束内,完成测量后,即倒下波带板,退出激光束,每次测量时,仅举起一块波带板进入光束。

3. 激光接收部件

激光接收部件由 CCD 激光检测仪、图像卡等组成,用于测量经波带板形成的激光衍射光斑的坐标位置。CCD 坐标仪主要由两部分组成:成像屏和 CCD 成像系统。CCD 成像系统将成像屏上的衍射光斑转化为相应的视频信号输出。

4. 真空管道

真空管道包括密封测点箱、无缝钢管、波纹管及两端的密封平晶。

(1)密封测点箱。测点箱内安装波带板、翻转机构及控制翻转的电路板。

(2)无缝钢管。根据不同的准直距离需要,采用不同管径的无缝钢管焊制而成。对于测点位移较小的大坝可采用ϕ 159×5 或ϕ 219×7 无缝钢管,对于准直距离较长的可以选用口径更大的无缝钢管。

(3)不锈钢波纹管。用来补偿真空管道的热胀冷缩,减少热应力对测点的影响。安装时由波纹管将真空管道和测点箱连接成一体。

(4)平晶。真空管道两端用两块高精度的平晶密封,以形成通光条件,又不至于影响激光束的成像。

5. 真空发生设备

真空发生设备包括真空泵、真空截止阀、冷却系统等设备。

6. 真空度检测设备

真空度检测设备包括真空气压表、水银真空度计等。

7. 系统控制箱

系统控制箱为激光系统工作的电气箱,由箱内的智能模块控制真空泵、冷却系统、激光源及各测点电源有序地工作。必要时可由人工直接启动,控制激光系统的工作。

8. 数据采集及控制系统

数据采集及控制系统包括工控机、图像处理软件及数据采集软件和系统软件。工控机在专用软件的支持下，控制激光准直系统各部件有序地工作：打开激光电源，定时开启冷却系统，启动真空泵，依次控制各测点的测量，处理所得的数据，保存到数据库并显示。

（三）现场测读

（1）在基准线两端点 A、B 分别安置激光器点光源和探测器。

（2）在需要测定偏离值的观测点 C 上安置波带板。当激光管点燃后，激光器点光源将发射一束激光，照满波带板，通过波带板上不同透光孔的绕射光波之间的相互干涉，就会在光源和波带板连线的延伸方向线上的某一位置形成一个亮点。

（3）根据观测点的具体位置，对每一观测点可以设计专用的波带板，使所成的像恰好落在接收端点 B 的位置上。

设波带板距光阑为 S，即波带板的物距为 S；成像屏距波带板距离为 S'，即经波带板成像的像距为 S'；成像屏至光阑的距离为 L，$L=S+S'$，即系统的准直距离为 L；波带板的焦距应满足波带板的成像公式：

$$\frac{1}{f}=\frac{1}{S}+\frac{1}{S'} \tag{9-5}$$

则通过小孔光阑的激光束经波带板汇聚，将在成像屏上形成一个清晰的衍射光斑。当波带板随坝体相对于准直光线轴移动了 ΔX，则其在成像屏上的衍射斑将移动 $\Delta X'$，且有如下的关系式：

$$\Delta X=\frac{S}{L}\times\Delta X' \tag{9-6}$$

利用 CCD 坐标仪测出 $\Delta X'$的值，就可以很方便地求得待测部位相对位移 ΔX。如用其他监测手段测出发射端和接收端的位移为 ΔA 和 ΔO，则可利用测点间的几何关系求得待测部位 P 点的位移变化 ΔP。

$$\Delta P=P'P''+PP'' \tag{9-7}$$

由于发射端、接收端的位移，原先的基准轴 AO 已变为 $A''O''$。而波带板中心位移了 ΔP，但相对于变化了的基准轴 $A''O''$只位移了 $P'O''=\Delta X$，即

$$\Delta X=\frac{S}{L}\times\Delta X' \tag{9-8}$$

式中 $\Delta X'$——波带板 P 形成的衍射光斑中心在成像屏上的位移量（$\Delta X'=O'O''$），由 CCD 坐标仪测出；

ΔA、ΔO——发射端、接收端的位移变化，由正倒垂线组的坐标仪、双金属管标或静力水准仪等测出（水平位移和垂直位移）；

S——波带板至光阑的距离。

激光位移测量简图见图 9-10。

三、前方交会法

如果已知 A、B 两点的坐标，为了计算未知点 P 的坐标，只要观测 $\angle A$ 和 $\angle B$ 即可，这

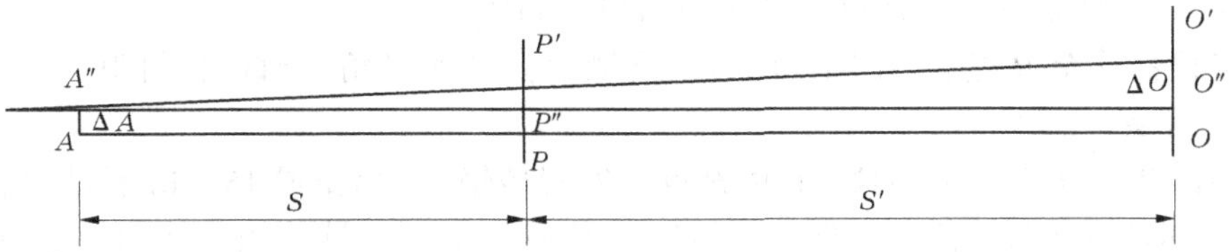

图 9-10　激光位移测量简图

种测定未知点 P 的平面坐标的方法即前方交会法。前方交会法包括前方测角交会、前方测边交会、前方边角交会。

(一)监测原理

前方交会的原理是利用两个或两个以上已知点,通过观测点与已知点连线的角度或边长从而计算出未知点的坐标。测角交会利用已知点 A、B 观测 P 点与 AB 边的夹角 α、β,通过已知点 A、B 坐标,利用式(9-9)计算出 P 点坐标。测边交会是通过观测 P 点到 A、B 的边长 D_1、D_2 和已知边长 D 反算出夹角 α、β 后,利用式(9-9)计算 P 点坐标(见图 9-11)。边角交会通过观测边 D_1、D_2 和角度 α、β,利用边角权分配后平差计算出 P 点坐标。

$$\left.\begin{aligned} X_P &= \frac{X_A\cdot\cot\beta+X_B\cot\alpha+(Y_B-Y_A)}{\cot\alpha+\cot\beta} \\ Y_P &= \frac{Y_A\cdot\cot\beta+Y_B\cot\alpha+(X_A-X_B)}{\cot\alpha+\cot\beta} \end{aligned}\right\} \qquad (9\text{-}9)$$

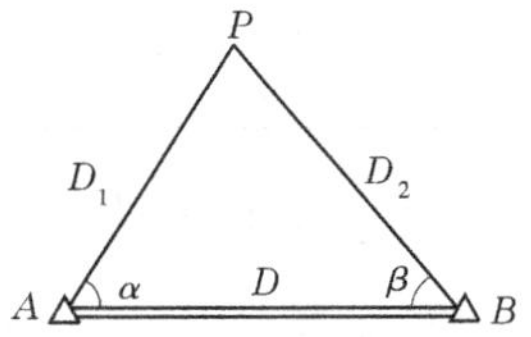

图 9-11　测角交会示意图

式中　X_A、Y_A、X_B、Y_B——已知点 A、B 坐标。

前方交会的要求:

角度交会法监测,交会角应为 40°~100°,固定点至变形监测点距离不宜超过 500 m。距离交会法监测,交会角应为 30°~150°,固定点至变形监测点距离不宜超过 500 m。边角交会法监测,交会角应为 30°~150°,当交会角接近限值时,其最大边长不宜超过 800 m。

(二)工作基点、测点安装埋设

(1)水平位移工作基点安装埋设。

水平位移工作基点本身结构应该稳定、坚固,应该埋设在稳定的原状土或基岩上(见图 9-4、图 9-5),工作基点墩高度不得小于 1.2 m,埋设深度不少于 1.5 m 且深度应该在冻土层以下,两个工作基点视线旁离障碍物 1.0 m 以上,并远离高压线、变电站、发射台等;安装的强制对中底盘对中误差小于 0.2 mm,盘面倾斜度小于 4′。

(2)位移标点安装埋设。

位移标点(见图 9-6)按照设计图纸埋设在渠道和建筑物相应的位置上,其变形应能够代表被测对象的位移,规程规范要求测点墩高度不得小于 1.2 m,安装的强制对中底盘对中误差小于 0.2 mm,盘面倾斜度小于 4′。

(三)现场测读

1. 测角交会

(1)在已知点 A 安置全站仪,在 B、P 点上安置棱镜,安置 15 min 后精确整平,并测量记录气压值和温度,精密照准 B 点棱镜进行后视测量。校验测值符合要求后,将全站仪

照准未知点 P。测量并记录 P 点水平角、竖直角、斜距。

(2)将仪器移至 B 点后,用同样的方法观测 P 点的水平角、竖直角、斜距。

2. 测边交会

(1)在已知点 A 安置全站仪、在 B、P 点上安置棱镜,一起安置 15 min 后精确整平,并测量记录气压值和温度,精密照准 B 点棱镜进行后视测量。计算出 A 点到 B 点的平距。再将全站仪照准 P 点并测量,计算出 A 点到 P 点的平距。

(2)将仪器移至 B 点后,用同样的方法观测 P 点测点,并计算出 B 点到 P 点的平距。

边角交会观测方法的测角同测角交会、测边同测边交会,采用前方交会法观测的技术要求(见表 9-2)。

表 9-2　前方交会法观测技术要求

精度要求	测角前方交会			测边前方交会			边角前方交会			
	测角中误差/(″)	交会边长/m	交会角/(°)	测距中误差/mm	交会边长/m	交会角/(°)	测角中误差/(″)	测距中误差/mm	交会边长/m	交会角/(°)
±3	±1.0 ±1.8	≤200	30~120 60~120	±2	≤500	70~110	±1.8	±2	≤500	40~140 60~120
±5	±1.8 ±2.5	≤250	40~140 60~120	±3	≤500	60~120	±2.5	±3	≤700	40~140

四、引张线法

引张线法是一种用于直线型大坝或廊道位移观测的主要方法之一,具有结构简单、适应性强、易于布设、操作方便、观测精度高等特点,尤其适用于自动化监测。双向引张线还可同时监测水平位移和垂直位移。

引张线法是利用在两个固定的基准点之间拉紧的一根线体作为基准线,对设置在建筑物上的各个观测点进行垂直偏离于此基准线的变化量的测定,从而求得各观测点水平位移量的一种方法。引张线分为浮托引张线和无浮托引张线。由于线体不可避免有一定的垂径,当垂径过大时,在大坝上将无法进行布置,需要使用小船浮托,以克服线体重力产生的挠度,这时就称为浮托引张线。若垂径不大,无须使用小船浮托,就称为无浮托引张线。

对于浮托引张线,由于浮托装置的干扰,测线的准直性将受到一定程度的影响,引张线的系统观测精度将有所降低。另外,由于大坝安全监测的自动化程度不断提高,而浮托引张线自动观测系统,无法解决浮托装置对引张线系统的影响问题,进行自动化观测时精度难以保证。

无浮托引张线是在浮托引张线的基础上发展起来的。由于浮托引张线使用不锈钢丝作为线体材料,比重较大,因此垂径较大,在多数大坝上必须使用小船浮托才能布置。为减小线体的垂径,取消小船浮托,提高系统精度,使用强度较大、但比重更小的 DPRP 线体材料替代不锈钢丝,从而无须使用小船浮托,也能在多数坝体上方便地布置,称为无浮托引张线。与浮托引张线比,无浮托引张线具有观测精度高,易于实现自动化观测等特点。

(一)监测原理

引张线法是通过测量各测点装置相对于测线的相对位移,来监测各测点处的水平位移。测线两端分别固定于大坝两端的固定端及加力端上，通过悬挂一定重量的重锤，使得线体能够张紧，成为一条悬链线。若固定端及加力端都能布置在稳定基岩上，则悬链线在水平面上的投影是不动的，因此可以成为一条用于测量的位移基准线。若固定端及加力端不能布置在稳定的基岩上，则这条位移基准线就不能视为不动的，应通过其他手段测得固定端及加力端的实际位移，并换算出基准线在各测点处的实际位置。加力端及固定端的位移，通常采用倒垂线进行监测。没有条件的，也可以采用三角网测量。

测点装置分布于固定端及加力端之间需要监测其位移的部位，并与建筑物紧密结合。当所测部位发生位移时，引张线线体与测点装置的相对位置发生变化，这个变化量由固定在测点装置内的坐标仪探测出来，得到该测点的实测位移。

（二）仪器结构

引张线由固定端、加力端、测点装置、坐标仪、线体、重锤及保护管等组成，如图 9-12 所示，引张线浮托结构如图 9-13 所示。

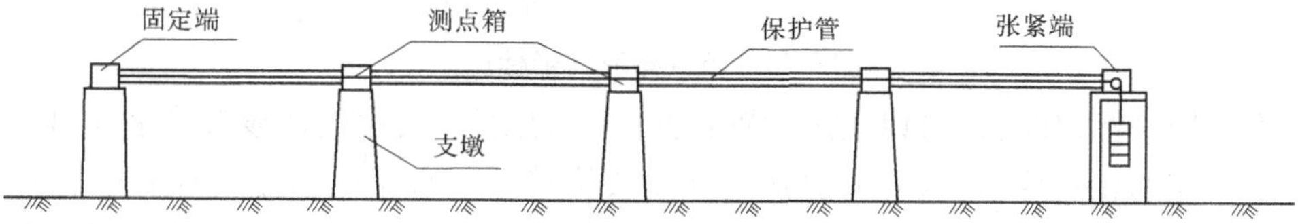

图 9-12 引张线结构示意图

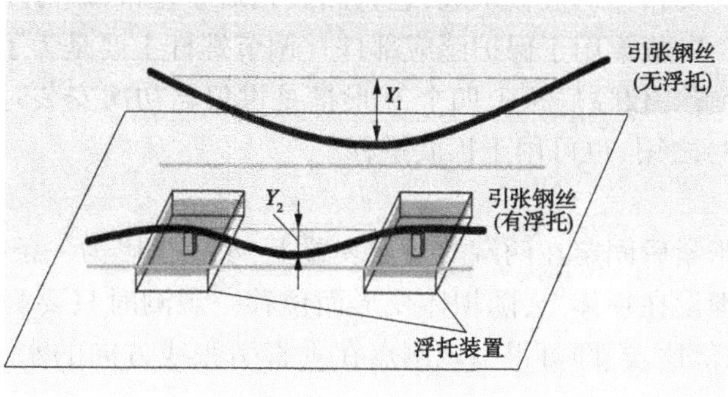

图 9-13 引张线浮托结构示意图

固定端及加力端是位移观测的基准点，应设置在稳定基岩上。若不能设置在稳定基岩上，则固定端及加力端需要通过其他变形观测手段确定其位移。

线体一端固定在固定端上，另一端通过滑轮，悬挂上一定重量的重锤，从而在固定端和加力端之间形成一条参照线。无浮托引张线的线体材料使用 DPRP 材料。DPRP 材料是一种比不锈钢丝质量轻，但具有很高强度的材料。用 DPRP 材料制作的线体，在悬挂同样质量的重锤时，线体的垂径只有不锈钢线体的 1/5，因此更容易在大坝上布置。为了保护线体，并保证线体不受风力的影响，线体需要使用保护管进行保护，并确保线体在保护管内的一定量程内自由活动。

测点装置位于固定端及加力端之间，与待监测部位紧密结合。测点装置的数量依据需要确定。通过观测测点装置相对于基准线的位移，即可了解待监测部位的位移量。

引张线坐标仪为非接触式测量仪器，安装于测点装置内部，可采用 CCD 坐标仪、步进电机光电跟踪式坐标仪、电容感应式坐标仪（见图 9-14）等仪器。坐标仪采集的位移信号通过电缆传输到监控中心，通过换算即可得出各测点的真实位移。

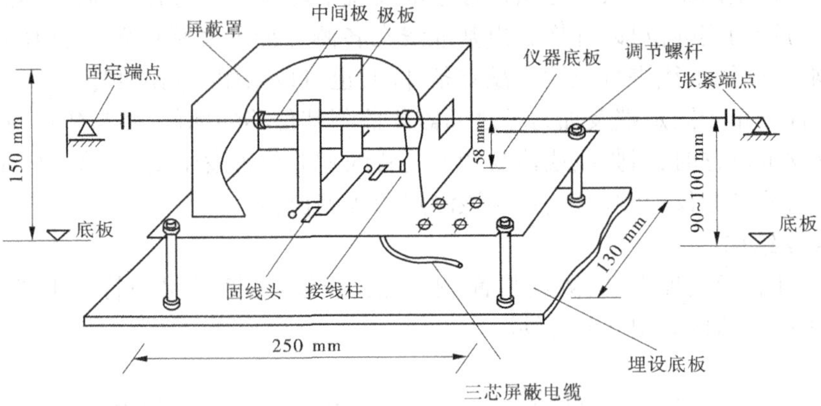

图 9-14　电容感应式坐标仪

当不采用坐标仪时，也可以通过设置在测点上的读数尺，用读数显微镜来读出测点装置相对于线体的相对位移，或采用引张线仪测读位移量。常用的引张线仪有电容式单向引张线仪，它由感应部件、屏蔽罩、调节螺杆、电缆、仪器底板组成，并备有标定仪器用的附件。感应部件由中间极和一组极板组成，它将测点相对于基准线（引张线）的位移变化量转变为电容比输出。屏蔽罩用于保护感应部件。调节螺杆主要是为了现场安装时调节仪器的高程、水平而设置。仪器底板上四个 U 形槽是供仪器初次安装时调节仪器测量范围的起始点（仪器调中）之用，也可用于扩展量程。

（三）现场测读

引张线的钢丝张紧后固定在两端的端点装置上，水平投影为一条直线，这条直线是观测的基准线。测点埋设在坝体上，随坝体变形而位移。观测时只要测出钢丝在测点标尺上的读数，与上次测值比较，即可得出该测点在垂直引张线方向的水平位移，其位移计算原理与视准线法相似。

（1）在端点上用线锤悬挂装置挂上重锤，使钢丝张紧。

（2）调节端点上的滑轮支架，使钢丝通过夹线装置 V 形槽中心，此时钢丝应高出槽底 2 mm 左右，然后夹紧固定。但应注意，只有挂锤后才能夹线，松夹后才能放锤。

（3）向水箱充水或油至正常位置，使浮船托起钢丝，并高出标尺面 0.5 mm 左右。

（4）检查各测点装置，浮船应处于自由浮动状态，钢丝不应接触水箱边缘和全部保护管。

（5）端点和测点检查正常后，待钢丝稳定 30 min，即可安置仪器进行测读。测读从一端开始依次至另一端止，为一测回。测完一测回后，将钢丝拨离平衡位置，让其浮动恢复平衡，待稳定后从另一端返测，进行第二测回测读。如此观测 2~4 个测回，各测回值的互差要求不超过±0.2 mm。

（6）全部观测完后，将端点夹线松开，取下重锤。

(7)若引张线设在廊道内,观测时应将通风洞暂时封闭。对于坝面的引张线应选择无风天观测,并在观测一点时,将其他测点的观测箱盖好。

五、多点位移计

多点位移计一般安装埋设在岩土工程洞室或边坡等内部,用来监测其水平向或垂直向位移变化。

(一)监测原理

当钻孔各个锚固点的岩土体发生变形时,变形将会通过传递杆传递到多点位移计的安装基座端,各点的位移量均可在安装基座端进行量测。安装基座端与各测点之间的位置变化即是测点相对于基座的位移。根据这一原理,可用多点位移计监测建筑物某一部位相对于另一部位的变形,建筑物相对基础的变形,基础某一部位相对于另一部位的变形,岩体某一部位相对于另一部位的变形等。在水利水电工程中,常将多点位移计的最深测点安装在岩土体变形范围之外,将其作为稳定不变的基准点,其余测点及孔口部位相对于最深测点的变形可当作岩土体的绝对变形。

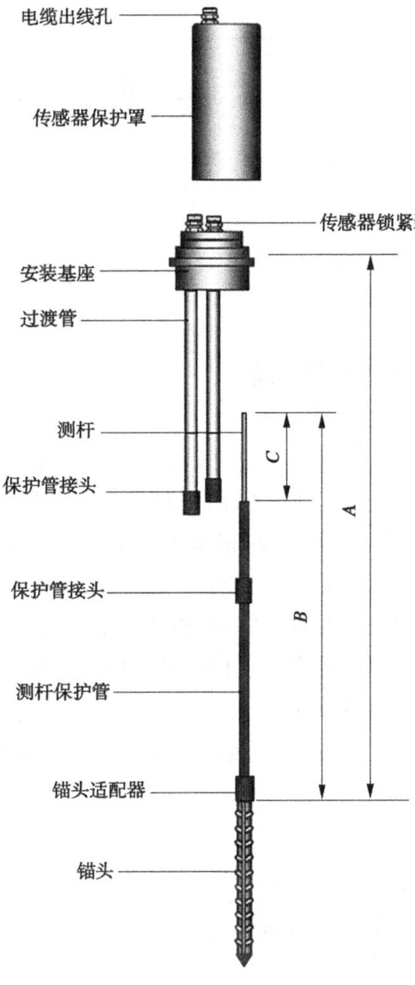

图 9-15　多点位移计结构示意图

(二)结构形式

多点位移计基本组件(见图 9-15)包括:

(1)锚头。常用的有三种类型:灌浆锚头、液压锚头以及抓环锚头(适用于软基)。

(2)测杆。测杆为不锈钢杆,各节不锈钢杆两端分别为 M6 阴阳螺纹,杆的长度分别有 2 m、1 m、0.5 m、0.2 m 等多种,或与更短的零配件结合使用,可以连接为任意长度。

(3)塑料保护管。为防止连杆和灌浆之间粘连,将测杆嵌入塑料管。塑料管的一端直接与锚头连接,塑料管将随着地面的运动发生变形。

(4)过渡管。过渡管连接保护管和安装基座。用有倒扣的护管接头连接测杆保护管使安装基座相对测杆顶部的易于定位。

(5)安装基座。测量是在基座上进行的。可采用带有传感器的电测基座,也可采用带有深度测微计而非传感器的机械测量基座。

(6)电测基座由基座总成与保护罩组成。电测基座上的部件有固定锚、O 形环、保护罩连杆及电缆等。

(7)传感器。多点位移计传感器由线圈及温度传感器段、外筒、滑动杆定位槽与定位销组成。传感器上设有防止转动的定位槽与定位销，在传感器的率定、安装或拆卸时注意定位销必须落入定位槽后，方可旋转整个传感器，若定位销拉离定位槽后，应在没有转动的情况下保持定位销与定位槽在同一直线上。

安装基座部位各组件的组装方式如图 9-16 所示。

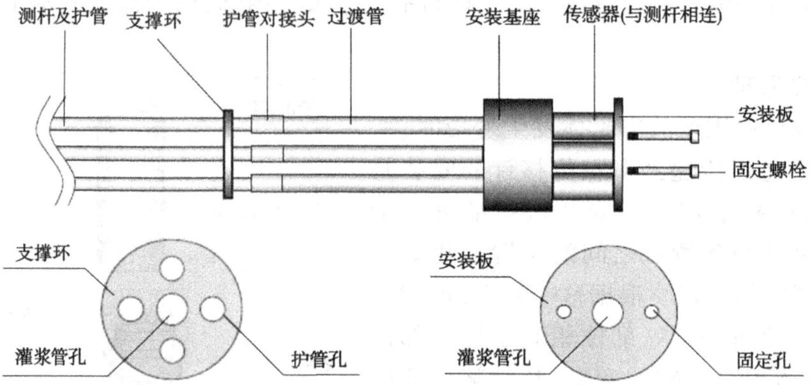

图 9-16　安装基座部位连接图

(三)仪器安装

1. 钻孔

(1)在预定部位，按设计要求的孔径、孔向和孔深钻孔。钻孔开孔直径宜为 200 mm，深约 50 cm。随后根据设计要求及仪器直径，钻孔变径为 76～110 mm，孔向偏差应小于 2°，孔深应大于最深锚头 0.5 m，孔口保持稳定平整。

(2)钻孔时，应全孔取芯或采用钻孔电视，绘制钻孔岩芯柱状图及记录钻孔全过程。

(3)钻孔结束后应冲洗干净，并检查钻孔通畅情况，测量钻孔的深度、方位、倾角。

(4)距离开挖工作面近的孔口，应预留安装保护设施的位置。

2. 仪器安装

多点位移计安装示意如图 9-17 所示，其安装步骤如下：

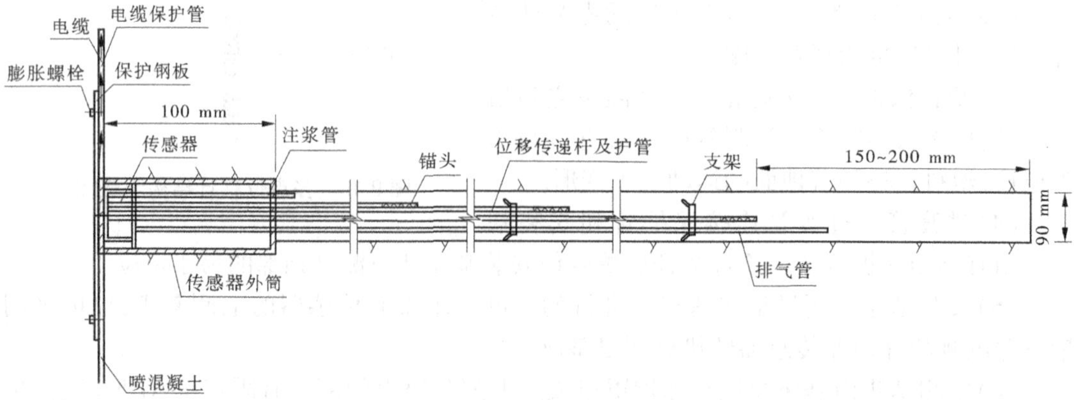

图 9-17　多点位移计安装示意图

(1)埋设前宜先对仪器进行预装,在场地平整干净的场地组装锚头、传递杆、模拟传感器、保护管、灌浆管、排气管等,连接杆件要排列整齐,连接牢固,密封可靠。

(2)将组装好的仪器和灌浆管、排气管一次性整体送入孔内,灌浆管应比最深的锚头深0.5 m,用水泥砂浆或锚固剂封闭孔口。

(3)安装检测合格后,进行由里及表灌浆固结,水泥浆的水灰比为0.5∶1。为确保注浆饱满,应根据不同的孔深、倾角以及部位,选择适当的注浆压力灌入水泥浆,当排气管中开始回浆即表明已灌满,即可停止灌浆,堵住灌浆管和排气管;所采用的水泥宜为微膨胀水泥,或在水泥中掺入适量的膨胀剂。

(4)待孔内水泥浆初凝后,剪去外露的灌浆管和排气管。

(5)依次卸掉模拟传感器,将带有编号的各传感器连接到连接杆座上,并进行预拉和固定。

(6)将传感器与电缆连接好并做好记录,包括每支传感器的出厂编号以及对应的测杆编号和锚头位置,采用读数仪进行检测。

(7)安装完毕后,将仪器电缆从保护罩的电缆孔中引出,安装保护罩。

(四)现场测读

水泥砂浆终凝后或水化热稳定后的稳定测值可作为基准值。一般取灌浆24 h后的测值为基准值。有特殊情况或要求的,如洞室、边坡开挖、蓄水等,可取其前一天的监测值为基准值。

六、水准测量

垂直位移是指测点在高程方面的变化量,即垂直方向的上升或下沉的变化量均称为垂直位移。通过垂直位移可以了解整体垂直变形以及不均匀沉降情况,用来判断建筑物或相应部位的运行安全。

(一)监测原理

利用精密水准仪提供的水平视线测出任意测点与工作基点的高差,求得测点的高程,各测次测点高程与基准值的差值为位移,下沉为正,上升为负。垂直位移监测系统包括水准基点、水准工作基点、垂直位移测点,水准基点用来校测水准工作基点的稳定情况,水准基点位于稳定区域;水准工作基点用来测定垂直位移测点的垂直位移,水准工作基点位于相对稳定区域且便于观测位移测点。

(二)仪器结构

精密水准仪和水准尺见图9-18。

(三)测点安装埋设

1. 水准基点安装埋设

水准基点自身结构应该稳定、坚固,水准基点应设置在稳定区域,其基础应该位于原状土或基岩上。埋设深度不少于1.5 m且深度应该在冻土层以下。水准基点标石埋设结构示意见图9-19。

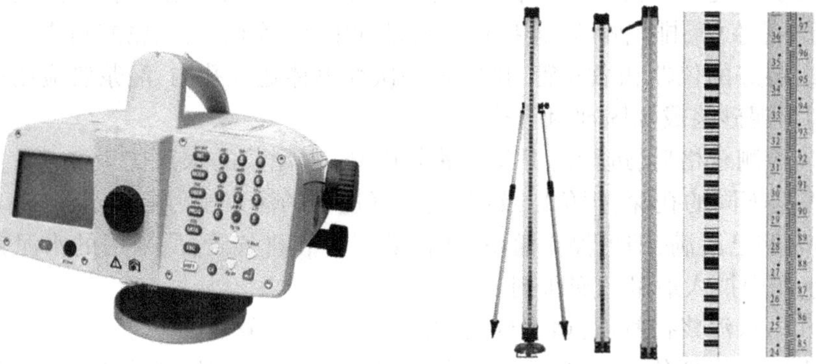

(a)　　(b)

图 9-18　精密水准仪和水准尺

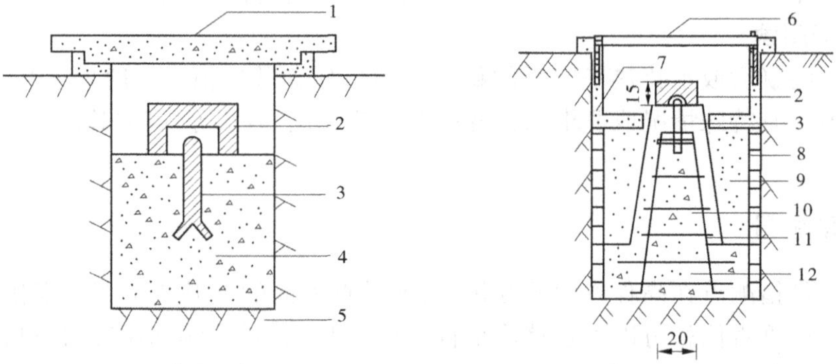

(a)基岩水准标石　　(b)普通混凝土水准标石

1—混凝土保护盖；2—内盖；3—水准标志；4—浇筑混凝土；5—基岩；
6—加锁金属盖；7—混凝土水准保护井；8—衬砌保护；9—回填砂土；10—混凝土柱石；
11—钢筋；12—混凝土盘石。

图 9-19　水准基点标石埋设结构示意图　（单位：cm）

2. 水准工作基点安装埋设

水准工作基点安装埋设方法同水准基点安装埋设方法。

（四）现场测读

垂直位移观测按照一、二等精密水准采用往、返观测，同一测段往测（或返测）与返测（或往测）应分别在上午与下午进行；往、返测时执行规范对奇数站和偶数站照准标尺的顺序规定；在水准测量中应尽量设置固定站和固定转点，以提高观测的精度和速度；垂直位移变形量的正负号应遵循以下规定：下沉为正，上升为负。

1. 观测等级与精度

混凝土坝垂直位移按国家一等水准精度施测，土石坝垂直位移按国家二等水准精度施测。水准观测的视线长度、前后视距差、视线高度应符合表 9-3～表 9-5 的规定。

表 9-3　视线长度要求

等级	视线长度/m	前后视距差/m	任一测站上前后视距差累积/m	视线高度/m	重复测量次数
一等	≥4 且≤30	≤1.0	≤3.0	≥2.80 且≤0.65	≥3 次
二等	≥3 且≤50	≤1.5	≤6.0	≥2.80 且≤0.55	≥2 次

表 9-4　测站观测限差要求

等级	上、下丝读数平均值与中丝读数差/mm		基辅分划读数的差/mm	基辅分划所测高差的差/mm	检测间歇点高差的差/mm
	0.5 cm 刻划标尺	1 cm 刻划标尺			
一等	1.5	3.0	0.3	0.4	0.7
二等	1.5	3.0	0.4	0.6	1.0

表 9-5　往返高差、闭合差和检测高差要求

等级	测段、区段、路线往返高差不符值	附合线路闭合差	环闭合差	检测已测段高差之差
一等	$1.8\sqrt{K}$	—	$2\sqrt{F}$	$3\sqrt{R}$
二等	$4\sqrt{K}$	$4\sqrt{L}$	$4\sqrt{F}$	$6\sqrt{R}$

注：K 为测段、区段或线路长度，km；L 为附合路线长度，km；F 为闭合路线长度，km；R 为检测测段长度，km。

2. 一测站操作方法

（1）整平水准仪和水准标尺。

（2）照准后视标尺，调焦使标尺在望远镜十字丝处成像清晰，按动观测记录钮，听见一声长音后，后尺第一次观测完成。

（3）旋转照准部照准前视标尺，调焦使标尺在望远镜十字丝处成像清晰，按动观测记录钮，听见一声长音后，前尺第一次观测完成；继续照准前尺，按动观测记录钮，听见一声长音后，前尺第二次观测完成。

（4）旋转照准部照准后视标尺，调焦使标尺在望远镜十字丝处成像清晰，按动观测记录钮，听见一声长音后，后尺第二次观测完成。这样一测站观测完成，迁站后进行下一站观测直至偶数站后尺上站观测完成后，该条测线观测完成。

七、钻孔测斜仪

钻孔测斜仪是一种精度高、稳定性好、可移动、测定钻孔水平位移的原位监测仪器。通过对钻孔的逐段测量可以获得钻孔在整个深度范围内水平方向的位移，从而可以比较准确地确定其变形的大小、方向和深度。钻孔测斜仪对边坡、地基、地下洞室等岩土工程进行变形监测，效果很好。

（一）监测原理

测斜仪的工作原理是量测仪器轴线与铅垂线之间的夹角变化量，进而计算出岩土体不同高程处的水平位移（见图 9-20）。用适当的方法在岩土体内埋设一垂直、且有 4 个导

槽的测斜管，当测斜管受力发生变形时，测斜仪便能逐段（一般 50 cm 为一个测点）显示变形后测斜管的轴线与垂直线的弧度偏移夹角 θ_i。按测点的分段长度分别求出不同高程处的水平位移增量 Δd_i，即

$$\Delta d_i = \sum L\sin\theta_i \tag{9-10}$$

式中 L——测量点的分段长度，一般取 0.5 m；

θ_i——测量段内管轴线与铅垂线的夹角。

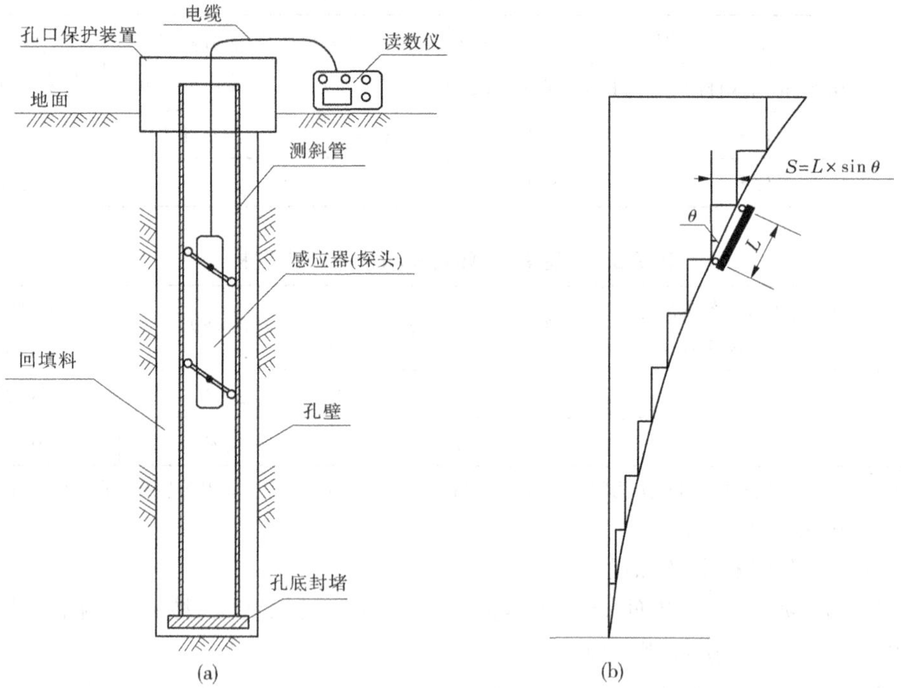

图 9-20 测斜仪工作原理图

由测斜管底部测点开始逐段累加，可得任一高程处的实际水平位移，即

$$b_i = \sum_{i=1}^{n} \Delta d_i \tag{9-11}$$

式中 Δd_i——测量段内的水平位移增量；

b_i——自固定点的管底端以上 i 点处的位移；

n——测孔分段数目，$n=H/0.5$，H 为孔深。

（二）结构形式

钻孔测斜仪按使用方式的不同，可分为活动测斜仪与固定测斜仪两种类型。固定测斜仪埋设于已知滑动面的部位，而活动测斜仪则沿钻孔各个深度从下至上滑动观测，以寻找可疑的滑面并观测位移的变化。

1. 活动测斜仪

活动测斜仪由测斜管、探头、电缆、数字式测读仪四部分组成。测斜管在监测前埋设于待测的岩土体和水工建筑物内。测斜管内有四条十字形对称分布的凹形导槽，作为测

斜仪滑轮上下滑行的轨道。测量时,使探头的导向滚轮卡在测斜管内壁的导槽中,沿导槽滑动至测斜管底部,再将探头往上拉,每隔 0.5 m 读取一次数据。监测数据由传感器经控制电缆传输并显示在测读仪上。

1)测斜仪探头

测斜仪探头由不锈钢外壳、传感器、控制电缆接头和两组轴轮装置组成(见图 9-21)。控制电缆连接正常时,探头是防水的,在一定深度的水下仍可以正常使用。轴轮装置由轮架和两个轮子组成,在每组装置中一个轮子高于另一个轮子,该轮子叫作高轮,测量时高轮所对方向为角度变化方向。两组轮子之间的距离通常为 0.5 m。

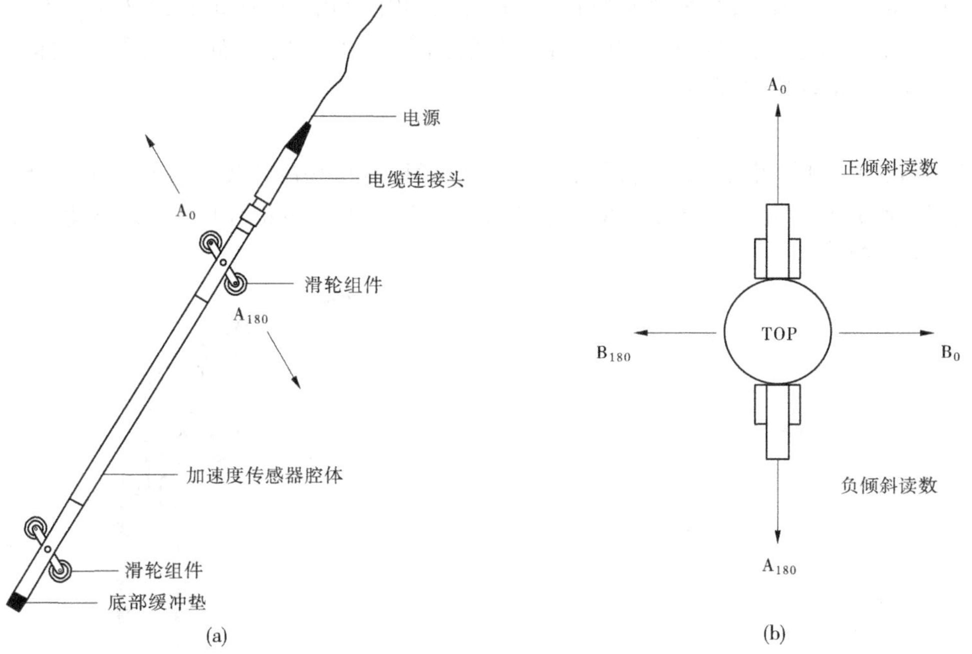

图 9-21　测斜仪探头结构示意图

测斜仪探头采用两个受力平衡的伺服加速度计(或其他类型传感器)测量倾斜。一个加速度计(或其他类型传感器)测量测斜仪测轮所在平面的倾斜,为“A”轴;另一个加速度计(或其他类型传感器)测量与测斜仪测轮所在平面相垂直的平面的倾斜,为“B”轴,当探头向 A_0 或 B_0 方向倾斜时读数为正,当探头向 A_{180} 或 B_{180} 方向倾斜时读数为负。

探头本身包括一个受重力作用的垂摆,大多数测斜仪使用一个力平衡伺服加速度计,其位置传感器可以探测垂摆的位置,并且提供足够的伺服力使摆回到竖直零位置。从竖直零位置倾斜得越大,恢复力越大,因而摆块不能自由运动。伺服力的大小转变成电信号输出在读数装置上显示成为倾斜量。由于伺服力和倾斜角的正弦成正比,因而输出值也和测孔水平位移成正比(或横向测孔的竖直位移)。

在探头底部有一个橡胶垫,用来缓冲探头可能掉在坚硬物面引起的震动,防止损坏探头。在探头顶部有带有电缆连接的接口装置。新式探头的电缆接头装置是可拆分的,以防接口损坏时便于更换。另配一个螺丝帽用来保护未与电缆相连时的接口,电缆接口装置还配有“O”形圈来密封电缆上的接头并使电缆连接防水。

2)测斜管

测斜管采用聚氯乙烯、ABS 塑料和铝合金等材料专门加工而成。管内有互成 90°的 4 个导向槽(见图 9-22)。导向槽用于定位测斜仪滑轮上下滑动。

3)控制电缆

控制电缆用来控制测斜仪探头的深度,负责给探头供电及将信号传到读数仪。测斜仪控制电缆设计坚固,内部有钢绞线,能承受 400 kg 的拉力,从而有效地防止电缆被拉伸,而且万一测斜仪探头堵塞在测斜管中能允许强大的拉力拉测斜仪。

控制电缆上设有标记,在和测斜仪探头两组滑轮相同间隔处(0.5 m 或 2 英尺)设有彩色橡胶标记。公制控制电缆每隔 0.5 m 用黄色标志显示刻度,每隔 1 m 用红色标志显示刻度。间隔 5 m 有数字标识。

4)孔口滑轮装置

孔口滑轮装置能防止电缆的磨损,有助于操作者控制探头的深度。使用滑轮装置时,电缆位于套管的中心(见图 9-23)。在滑轮装置上的防滑夹子可把住电缆,为电缆深度标记提供方便的参照。

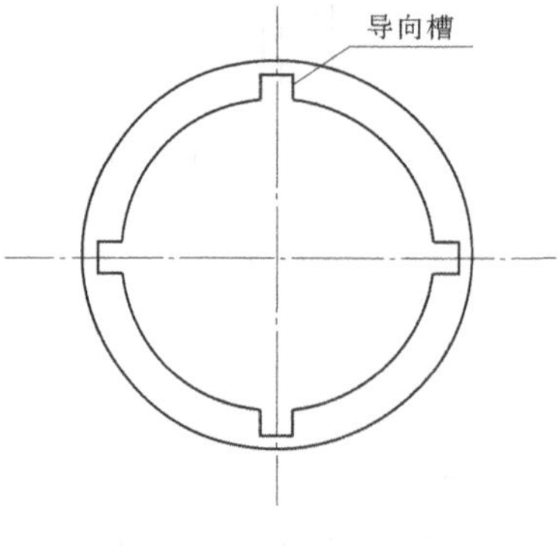

图 9-22　测斜管示意图

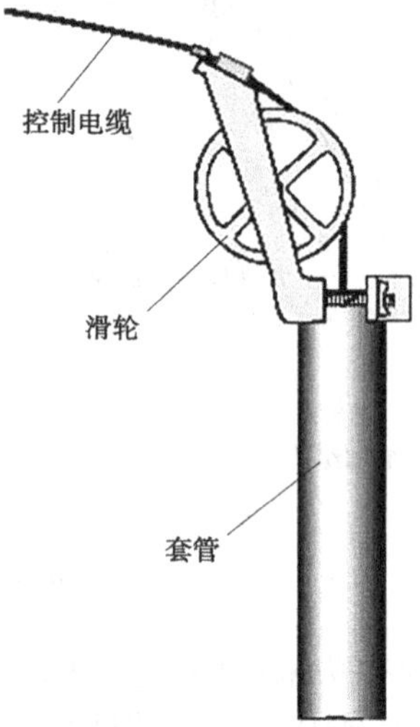

图 9-23　管口滑轮装置示意图

2. 固定测斜仪

固定测斜仪由测斜管和一组串联(或单支)安装的固定测斜传感器组成(见图 9-24)。测斜管与活动测斜仪所使用的测斜管相同。测斜管通过钻孔安装到地面以下,使得定向安装在管内的测斜仪能够测量地下岩(土)层的位移。在垂直安装时,测斜管可以安装在钻孔中穿越可能的滑动岩(土)层。一组凹槽需对准在预期的位移方向(例如,滑坡方向)。传感器逐个由轴销相连接安装在测斜管内。当地层发生位移时,测斜管产生位移,从而引起安装在管内的传感器发生倾斜。倾角是通过每支传感器的标距的位移读数测量得到的。在大多数情况下,传感器连接到自动采集系统上,数据处理由计算机来完成。

一支单独的传感器包括传感器和标距延伸杆、一个顶部测轮和一个底部测轮。传感

器串则包括 N 支传感器、N 个标距延伸杆、一个顶部测轮、$N-1$ 个中间测轮和一个底部测轮。传感器可以是单轴传感器或者是双轴传感器，但它们外形是一样的。标距延伸杆在连接传感器和测轮的时候，可以将其尺寸做成 1 m、2 m 或者 3 m 等。顶部测轮上有一个金属圈，用来连接不锈钢悬挂缆索；也有一个插口，用来连接标距延伸杆。底部测轮直接连接底部传感器，下端没有插口。中部测轮常用来连接传感器。中部测轮直接固定在传感器的下端，用来与下端的标距延伸杆连接。

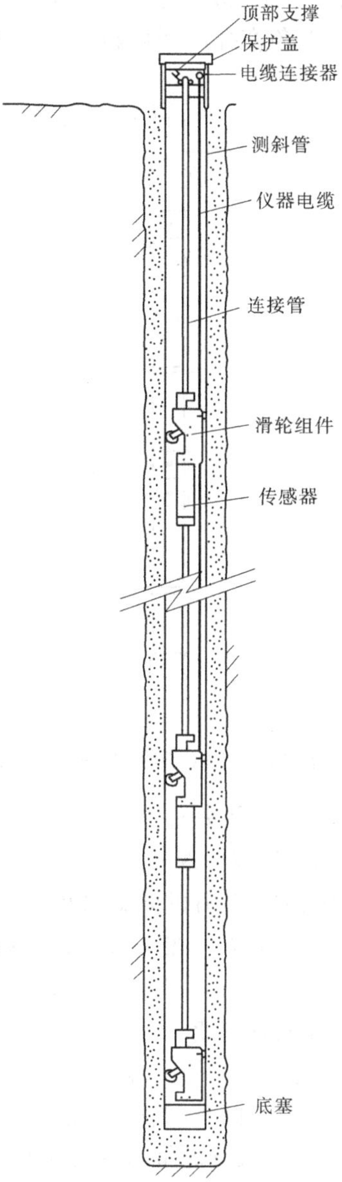

图 9-24　固定测斜仪结构示意图

（三）仪器安装

1. 钻孔中安装

（1）测斜管钻孔安装时，为了使测斜仪测量到位，防止安装时测斜管中有沉淀，测斜孔都需比安装深度深一些。钻到预定位置后，不要立即提钻，需把水泵接到清水里向下灌清水，直至泥浆水变成清水为止，提钻后立即安装。

（2）测斜管连接。测斜管采用现场逐节组装的方法进行安装，连接的方法是采用边向孔内插入边连接，首先将第一根测斜管在没有外接头的一端套上底盖（这是每孔最下面的一节管子），用自攻螺钉拧紧封口，封口后为防缝隙漏浆，可用土工布裹扎，然后插入孔中慢慢地向下放。放完一节，再向管接头内插入下一节测斜管，当测孔较深、测斜管重量较大时，可用尼龙绳吊住测斜管往下放。当孔内有水时测斜管向上浮，放不下去时，应向测斜管内注入清水，边往下放边注水（见图 9-25、图 9-26）。

（3）用测扭仪测量测斜管导槽转角每 3 m 应不超过 1°，全长范围内应不超过 5°，以保证测斜仪探头沿导槽方向畅通无阻。安装过程应细心操作，防止用力过猛使导管产生过大的扭曲。

（4）当测斜管长度安装到位后，需要调正凹槽的方向，先把最后一节测斜管上的接头取下，看清管内凹槽方向，把管子向上提起少许，慢慢转动测斜管，使测斜管内的一对凹槽垂直于测量面，对准后再缓慢放下。

（5）测斜管安装合格后应向测斜管与孔壁之间的空隙中回填，使测斜管与周边有机结合。回填的原料视钻孔确定，岩石钻孔用水泥砂浆或纯水泥浆回填。土中钻孔可用中粗砂或原状土、膨胀泥球等回填。一边回填一边轻轻地摇动管子,使之填实。回填速度不能太快,以免塞孔后回填料下不去形成空隙。填满后盖上管盖,用自攻螺丝上紧。

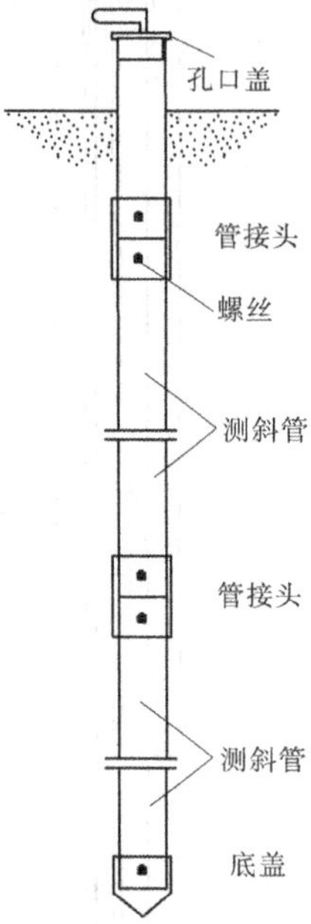

图 9-25 PVC 测斜管安装示意图

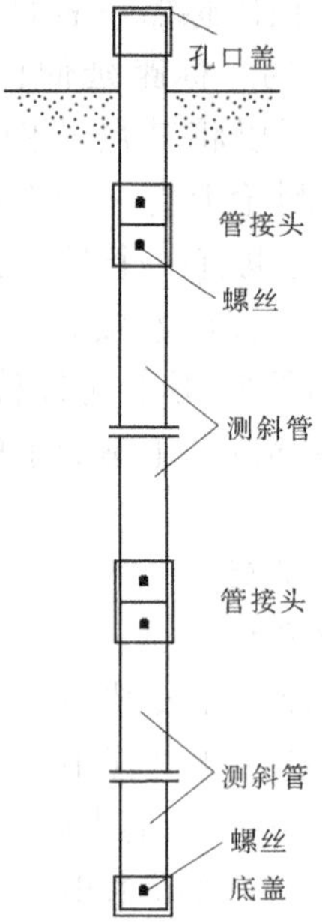

图 9-26 铝合金、ABS 测斜管安装示意图

2. 混凝土中安装

测斜管安装在混凝土桩或混凝土连续墙、混凝土围堰等建筑物中时,可先在平地上完成组装工作,将组装好的测斜管小心插到加工好的钢筋笼中,调整好槽口方向后用铁丝绑扎,逐节连接、绑扎并将接头密封好。确认绑扎牢固后装好底盖和孔口盖,底盖也须用土工布加胶带密封。吊装钢筋笼时要小心轻放。混凝土浇筑完毕初凝后打开孔口盖,进入测量。

(四)现场测读

(1)将连接电缆一端与探头连接,并拧紧,防止进水。将连接电缆另一端插入读数仪上的"传感器"插头,调整至测量状态。

(2)将探头导轮插入所测方向测斜管的导槽内,缓慢下至孔底。注意在探头距离孔底较近时,应非常缓慢地下放,防止探头撞击管底,造成损坏。

(3)每次观测前,探头应在孔底停留 15 min。开始自下而上每 50 cm 间隔测读一次,记录与测量深度相应的读数。注意,每次观测时,探头应保持在测孔相应深度的同一位置上。然后将探头旋转 180°,插入同一对导槽内放到孔底,等待 5 min,按上述步骤重复观测一次。

如果正反导槽测试结果相差过大,必须重测。如两次重测数据不一致,必须对读数装置的传感器进行检查。

测斜仪探头通常包括两个(双轴)轴互成 90°的传感器,A 轴与滑轮组成一排平行,B 轴与其成直角。因而在测量时,得出 A_0、A_{180} 读数,也就得到了 B_0、B_{180} 读数。

数据处理时，将该两组读数（A_0、A_{180}、B_0、B_{180}）相结合（用一组数据减去另一组数据），以此来消除传感器零漂的影响。测斜仪探头在竖直位置时读数产生零飘移，理想的偏差应是零，但在使用探头时，由于传感器的偏差、滑轮的磨损，或者主要由于探头下落或与安装的测斜仪测斜管底部相碰太厉害造成对传感器的冲击，通常会产生一个零飘移并发生变化。

八、土位移计

土位移计用于测量岩石、混凝土、堆石体、土体等的轴向变形，是一种坚固、测量精度高、埋设容易的位移测量仪器，可测土体某部位任何一个方向的位移，多用于填土中埋设，可单点埋设，也可串联埋设。

（一）监测原理

振弦式土位移计（见图 9-27）的工作原理与振弦式传感器的工作原理相同，岩土体变形会引起滑动杆伸缩，传递器件、弹簧的张力，以及振弦的张力与频率都会随之发生变化。频率的变化可转换为张力的变化量和滑动杆的伸缩变化量，从而得到岩土体的变形量。

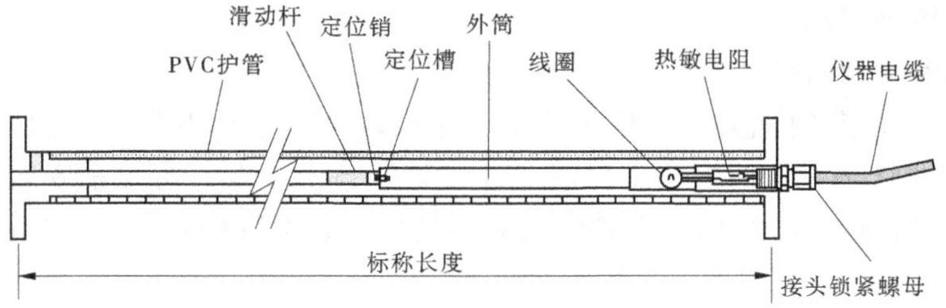

图 9-27　振弦式土位移计结构示意图

（二）结构形式

位移计的传感器固定在一个法兰端，通过一定长度的传递杆连至另一个法兰端。传感器和传递杆外套一根给定长度（仪器长度）的塑料保护管（当仪器较长时则在中间增加伸缩节）来固定两个法兰端，确保连杆固定不动。当两法兰相对移动时，位移信号被传递杆传至传感器，由读数装置测得读数。通过选择不同的仪器长度和传感器的量程范围，可选到最佳灵敏度。对于达到分辨率最高的情况，仪器长度越长、量程越小的传感器最佳。而变形最大的情况，应选长度相对短、量程大的传感器。

（三）仪器安装

1. 在钻孔内安装

水平方向的孔要向下稍作倾斜以便于灌浆并避免产生气泡。垂直孔要用专门的灌浆器具，位移计要自带抓环或液压锚头，灌浆时用来固定。水平孔和垂直孔的仪器安装如下：

钻孔的深度应超出最深处法兰 500 mm，钻孔直径≥60 mm。将传感器放入孔中，用杆将传感器推至设计检测位置。如果孔中放置的传感器不止一个，当放置浅层传感器时，要确保深层传感器的位置不变。钻孔灌浆可使用水泥砂浆混合物，混合物中水灰比为 1∶（0.5～1.0）。对于水平方向水灰比应小些。在钻孔中安装示意见图 9-28。

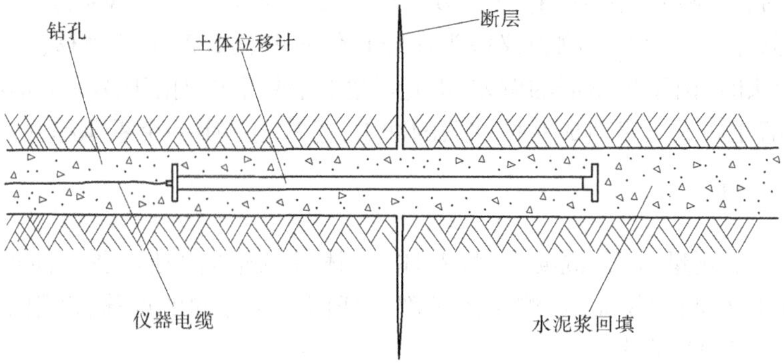

图 9-28 在钻孔中安装示意图

2. 在混凝土结构中安装

可直接放入混凝土结构中,也可在浇筑混凝土前用金属丝绑扎在钢筋架或钢筋网中。绑扎位置应绑到塑料管上,而不是法兰上,应与管垂直,且不能绑得太紧,以便在浇筑混凝土时允许有轻微地移动。

3. 在填土和筑坝内安装

安装于填土浅层的传感器,可用于测量填土和坝体的土体变形。传感器在这种情况下,要有一个专用连接器(伸缩节),使法兰连接处能自由转向。可批量安装多个传感器,以得到坝体或公路填筑区域沿指定轴向的总体变形。在堤坝中安装示意见图 9-29。

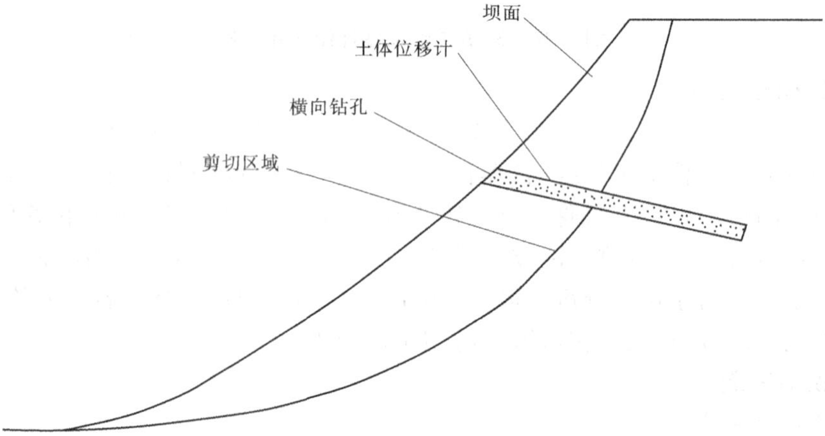

图 9-29 在堤坝中安装示意图

九、测缝计

测缝计适用于长期埋设水工建筑物或其他混凝土建筑物内或表面,测量结构物伸缩缝或周边缝的开合度(变形)。

(一) 监测原理

对振弦式测缝计而言,结构物发生的变形可通过前、后端座传递给转换机构,使其产生应力变化,从而改变振弦的振动频率。电磁线圈激振振弦并测量其振动频率,频率信号经电缆传输至频率读数仪上，即可测出被测结构物的变形量。

（二）结构形式

1. 单向测缝计

振弦式测缝计由端部法兰、套筒底座、传递杆、振弦式传感器、仪器电缆等组成，如图 9-30 所示。

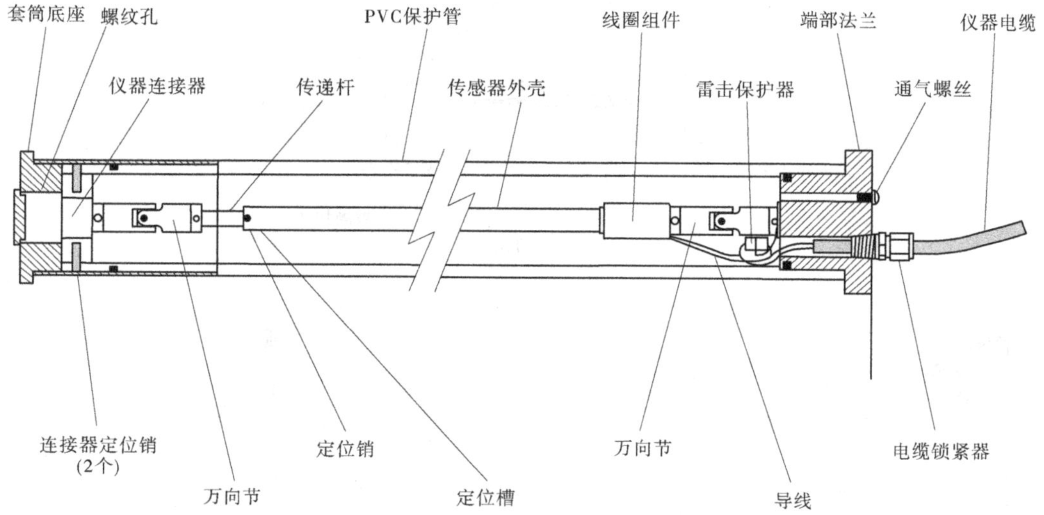

图 9-30　振弦式测缝计结构示意图

2. 多向测缝计

多向测缝计分为二向测缝计和三向测缝计。多向测缝计通常由单向大量程位移计（或测缝计）组装而成，配有特制的测缝计机架。刚性传递杆三向测缝计典型结构见图 9-31、图 9-32。

（三）仪器安装

1. 埋入式测缝计安装

1）混凝土结构缝测缝计安装

（1）在混凝土结构缝上埋设测缝计，需在先浇混凝土块中预埋附件，待后浇混凝土块达到安装高程时再安装测缝计。

（2）根据埋设点的高程、方位，在结构缝的一侧立模之后，于埋设点处做一记号，当混凝土浇筑到埋设点高程时，将安装盖钉于模板上，同时将套筒及连接座旋上，套筒内应填塞棉纱，以免被混凝土堵塞。为了保证附件安装更为牢靠，亦可再用铅丝将套筒缚住钉在模板上。注意维护好附件，以免混凝土浇捣及拆模过程中损坏。

（3）当电缆需从先浇块引出时，应在模板上设置一个储藏箱，用来储藏仪器和电缆。

（4）当缝的另一侧混凝土浇筑到测点部位（或高于埋设点 20 cm 左右）时，在埋设点处挖开周围的经捣实的混凝土，露出并取下安装盖，清理套筒。

（5）在安装测缝计前，应检查连接头的定位销是否在保护管的定位槽内，O 形圈是否已就位，拧开电缆端头的通气螺栓，然后将测缝计小心地旋紧在套筒连接座上。

（6）为避免电缆受损，应将接缝处的电缆约 40 cm 范围内包上布条。

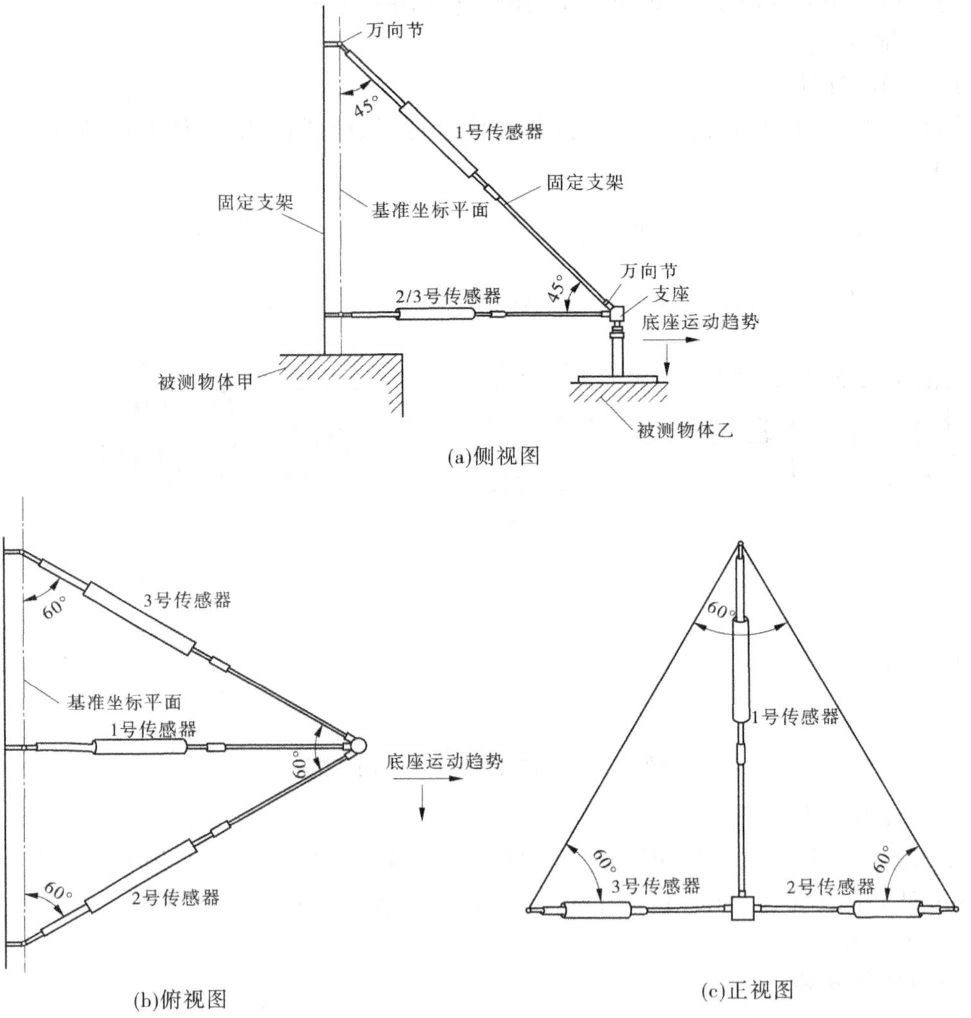

图 9-31　刚性传递杆三向测缝计典型结构示意图(一)

(7)调整好埋设位置,并轻轻拉出一点,使仪器处于良好的拉压测量范围内,用胶带纸在接口处缠几圈以便安装时定位。固定好仪器的电缆引线,回填混凝土并捣实。同时做好仪器的编号和检查工作。

仪器安装示意见图 9-33。

2)混凝土块体裂缝测缝计安装

根据设计要求,在可能出现裂缝的坝块部位设置裂缝计,用以监测裂缝的发生及其发展过程。由于水工建筑物内部裂缝的部位并不确定,因此裂缝计通常采用测缝计接加长杆,以延长仪器的监测范围,加长杆的长度为 150~200 cm。仪器安装方法示意见图 9-34。

仪器和加长杆的连接可采用螺纹套筒套接。除测缝计一端的凸缘盘和加长杆端部锚固头外,仪器和加长杆均用塑料布裹敷,待混凝土浇筑到埋设高程时跨置于混凝土块预期的裂缝处。

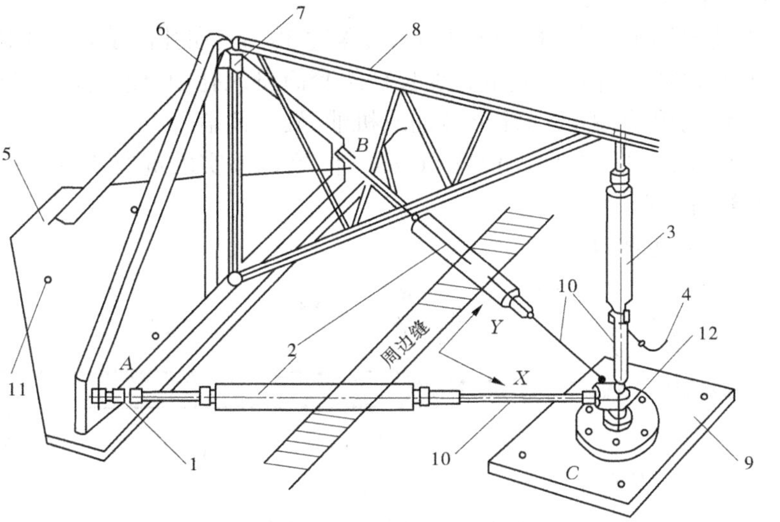

1—万向节；2，3—位移传感器；4—仪器电缆；5—相对不动点支座；6—相对不动点固定支架；7—活动铰链；8—三角支架；9—相对活动点支座；10—调节螺杆；11—固定螺孔；12—位移计支座。

图 9-32　刚性传递杆三向测缝计典型结构示意图（二）

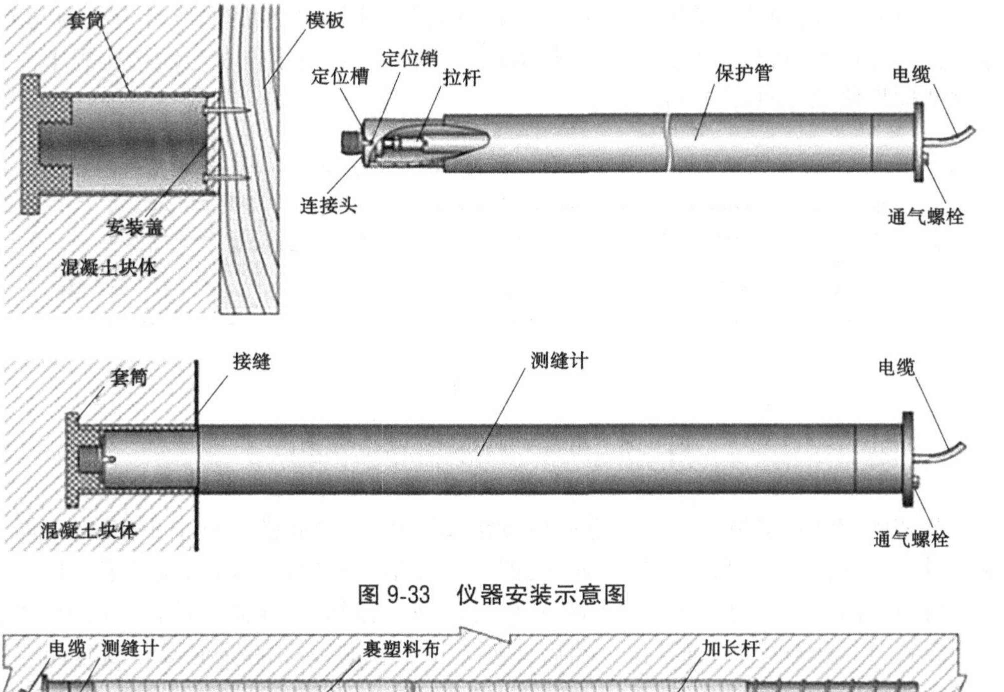

图 9-33　仪器安装示意图

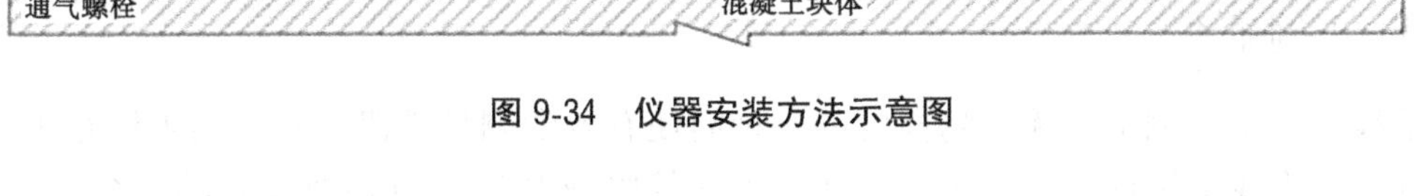

图 9-34　仪器安装方法示意图

3)混凝土与岩体接缝测缝计安装

(1)在测点处岩体中打孔,孔径大于9 cm,深度50 cm,在孔内填入一半以上膨胀水泥砂浆(或预缩水泥砂浆),将套筒或带有加长杆的套筒挤入孔中,使套筒口与孔口齐平。

(2)将套筒填满棉纱,螺纹口涂上黄油或机油,旋上筒盖。

(3)混凝土浇至高出仪器埋设位置20 cm时,挖去捣实的混凝土,打开套筒盖,取出填塞物,旋上测缝计,回填混凝土。

测缝计安装示意见图9-35。

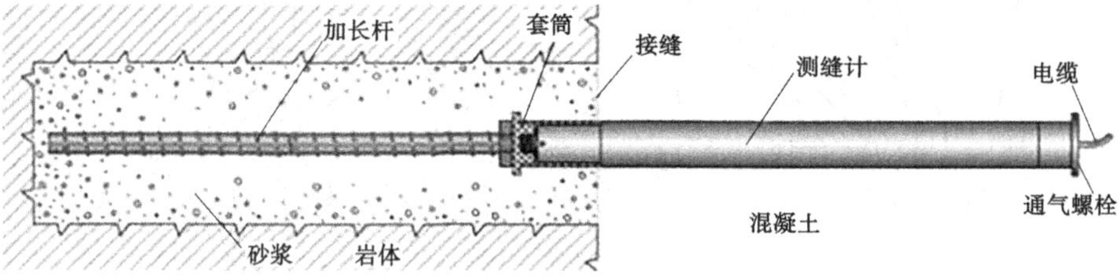

图9-35 测缝计安装示意图

2. 表面测缝计安装

(1)监测缝隙开合度时,宜采用表面安装型测缝计跨缝隙安装。

(2)当被监测对象是钢结构时,可采用焊接方法进行安装。将两个镀锌定位块安装在钢结构表面上,定位块在定位时先用一个带万向节和固定螺栓的测缝计进行预安装,调整好位置后先点焊,再检测并确认位置和预拉值均合适后,将定位块与钢结构焊牢。测缝计与钢结构焊接示意见图9-36。

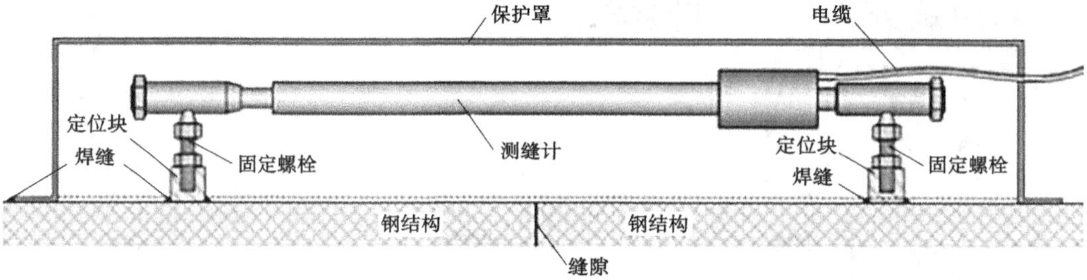

图9-36 测缝计与钢结构焊接示意图

(3)当监测对象是混凝土、岩石或其他岩土工程结构物时,可采用螺栓连接。先用带有万向节和固定螺栓的测缝计在缝隙两侧测定安装孔位,钻孔孔径不小于20 mm,深大于5 cm,将带螺纹的锚杆先与固定螺栓连接,但不要拧紧。孔内填膨胀水泥砂浆或预缩水泥砂浆,将锚杆轻轻压入孔内,并注意调整其位置和高度,同时检测测缝计初始读数,使之达到合适位置,拧紧螺栓并精确定位。然后根据需要再安装仪器的保护罩。测缝计与混凝土等结构物连接示意见图9-37。

十、正倒垂线

垂线系统是观测水工建筑物挠度的一种简便有效的测量手段。常用的垂线有正垂线和倒垂线。垂线坐标仪则是用于安装在水工建筑物或其他建筑物所设置的垂线上,测量

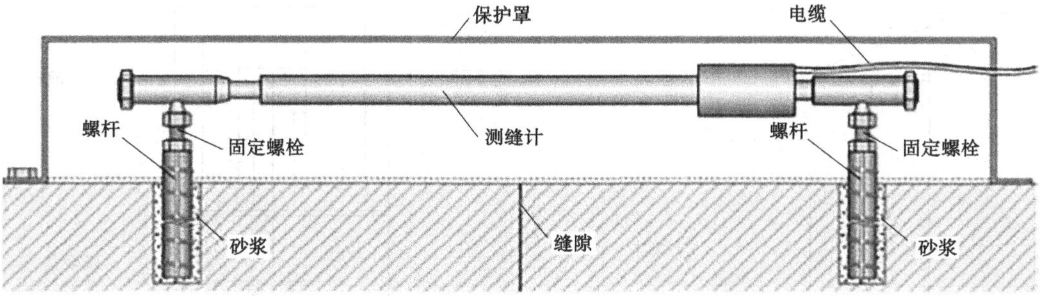

图 9-37　测缝计与混凝土等结构物连接示意图

建筑物水平方向和垂直方向上的位移。垂线坐标仪安装在正垂线上可量测结构物的相对水平位移和挠度,安装在倒垂线上可量测结构物的绝对水平位移。

(一)监测原理

利用重(浮)力方向永远竖直向下的原理。垂线的一端固定,在另一端利用观测仪器量测,经过计算可得出该两端点的相(绝)对水平位移。

(二)结构形式

1. 正垂线

正垂线由一根悬挂点处于上部的垂线和若干个安装在建筑物上处于垂线下部的测读站组成。垂线下部悬挂一个重锤使其处于拉紧状态,重锤置于阻尼桶内,以抑制垂线的摆动。正垂线结构示意见图 9-38。

2. 倒垂线

倒垂线的固定端灌注在整个垂线系统的下部,垂线由上面的浮筒拉紧。如果锚固安装在基础内的固定点上,测站的测量值是沿垂线测点的绝对位移量。倒垂线结构示意见图 9-39。

3. 垂线坐标仪

正(倒)垂线的测量可由一台固定的读数盘进行人工测读,也可用可移动的带遥测读数单元的坐标仪进行(遥测垂线坐标仪)遥测读数。

垂线坐标仪根据传感器的类型不同可以分为电容式垂线坐标仪、CCD 式坐标仪、电感式坐标仪、步进式坐标仪等。

1)电容式垂线坐标仪

电容式垂线坐标仪由水平位移测量部件、标定部件、挡水部件以及屏蔽罩等部分组成,坐标仪的测量信号由电缆引出。电容式垂线坐标仪结构见图 9-40。

2)CCD 式坐标仪

CCD 式坐标仪是利用光电耦合器件 CCD 作为位移的检测单元,通过测量目标(垂线)的光学投影或图像信号,实现对目标(垂线)的精密定位。由于 CCD 的输出为直接数字信号,故没有感应式坐标仪的“零漂”问题。仪器结构简单,由平行光照明系统、光电耦合器件电路、电源、机架等部分组成。

对于双向位移坐标仪,安装有两套完全相同、互相垂直的平行光照明系统及 CCD 传感器光电接收系统,可实现相互垂直的两个方面的位移测量。

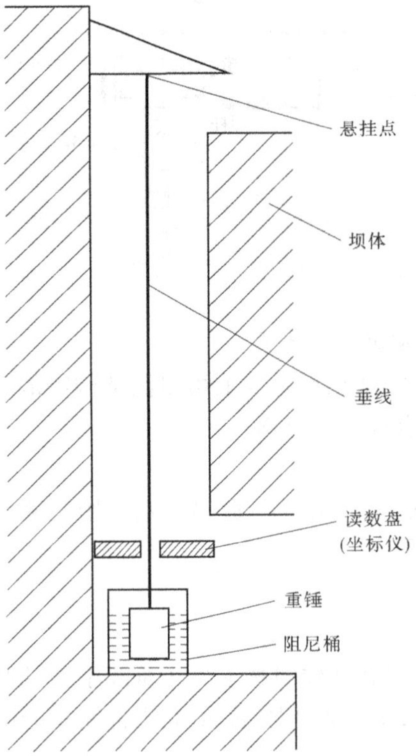

图 9-38 正垂线结构示意图

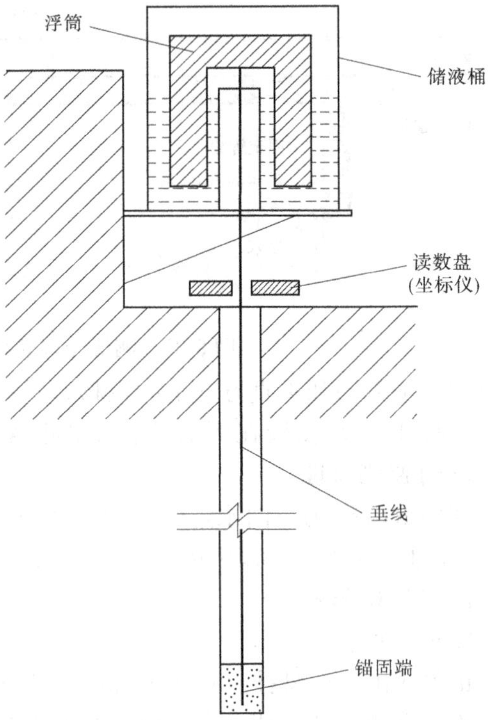

图 9-39 倒垂线结构示意图

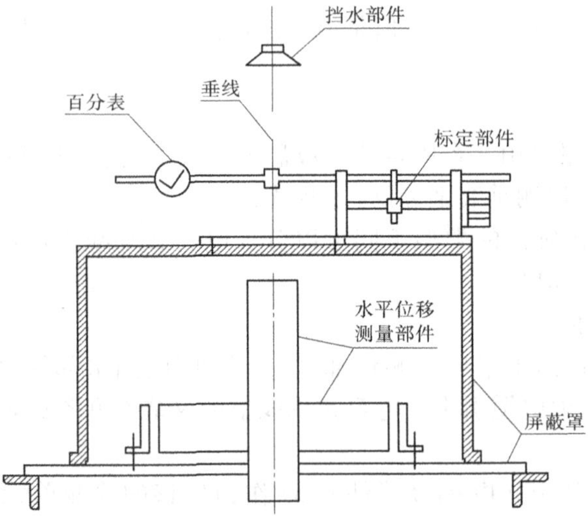

图 9-40 电容式垂线坐标仪结构图

3)电感式坐标仪

电感式坐标仪由电感式传感器、杠杆传动系统、油箱、底板及保护罩等组成,是一种接触式垂线坐标仪。

4)步进式坐标仪

步进式坐标仪主要由传动机构和测量机构两部分组成。传动机构包括基座、丝杆、导杆和步进电机。测量机构包括底板、基准杆、基准杆座、变形测量探头及电缆插座等。

(三)正(倒)垂线的安装

1. 正垂线安装

正垂线的支点装置、固定夹线装置和活动夹线装置,均安装在垂线竖井顶端。安装时,首先根据有效孔径中心位置,确定垂线悬挂在该中心的准确位置。然后依次安装支点装置、固定夹线装置和活动夹线装置。支点位置与固定夹线装置相距以 50 cm 为宜。固定夹线装置和活动夹线装置与垂线的距离为 3~5 cm。垂线悬挂初期,若线体伸长,可调节挂线定位端使垂线处于正常位置。

正垂线的具体安装次序为:

(1)按设计图制作混凝土监测墩和埋设钢支架,埋设时,钢支架的 1 条边线平行于坝轴线,其偏斜度不得大于 3°。

(2)安装垂线、雨篷、重锤及油桶等附件。

(3)安装坐标仪底盘。坐标仪底盘包括光学垂线坐标仪底盘和遥测垂线坐标仪底盘两种。底盘安装应偏向位移量偏大的下游方向 5 mm 为宜,并使其边线在平行于坝轴线偏斜度不大于 3°的范围内固定,同时调整底盘水平,其倾斜度不大于 2′。

2. 倒垂线安装

锚块埋设之前,先制作监测墩和监测钢架。监测墩及监测钢架埋设时,应保证其 1 条边平行于坝轴线方向,其偏斜度不得大于 3°;钢架顶部平面的倾斜度不得大于 2′。

倒垂线的具体安装次序为:

(1)检查倒垂孔造孔、保护管埋设及保护钢管加长等各项工序的资料。

重测孔斜与孔深,准确校准保护管各测点高程的偏心值投影图,锚块位置位于保护管有效孔径中心,以确保垂线钢丝距保护管管壁任意一点的距离不小于 50 mm。

(2)将垂线安装所需的长度,把高强不锈因瓦钢丝卷在绞车滚筒上,钢丝一端通过滑轮与固定锚块牢固连接。

(3)将水灰比为 0.5∶1的水泥浆送至保护管底部;其注浆量要准确计算,以埋入锚块顶端以下 5~10 mm 为宜,严禁将垂线钢丝埋入水泥浆液之中。

(4)转动绞车,让锚块徐徐放下,当锚块到达底部之后,将锚块吊升几厘米进行调试,以确定锚块安装在准确的中心位置和垂线钢丝未埋入水泥浆液之中,以及保证钢丝离孔壁最小距离大于 50 mm。

(5)锚块埋设 5~7 d 之后,方可安装浮体组。浮体组的油箱应水平、端正、牢固地安置在监测钢架顶面之上,并在油箱内注满由厂家提供的专用油。

(6)浮桶的连接杆必须置于油桶正中,并保持平衡。浮桶移动后能迅速恢复至原来位置,其复位精度,在平行于坝轴线和垂直于坝轴线两个方向均不得超过 0.4 mm。

(7)在监测钢架上安装坐标仪底盘。坐标仪底盘安装的要求与监测钢架安装一致,即底盘的 1 条边平行于坝轴线方向,其偏斜度不得大于 3°,底盘面应水平,其倾斜度不大于 2′。

(四)现场测读

(1)安置仪器。将观测仪器轻放在测站底板上,三个V形槽使仪器强制对中,然后用脚螺旋调平仪器,旋转圆水准器组180°,观测气泡是否仍然居中,若有变化,须再调整。

(2)旋转纵横向导轨手轮,用肉眼观测钢丝成像,使其大致位于纵、横向光路中间。

(3)旋转横向导轨手轮,此时能在视场中看到竖线像,慢慢转动手轮,直至竖线像正确夹于纵丝中央。旋转纵向导轨手轮,此时能在视场中看到横线像,慢慢转动手轮,直至横线像正确夹于纵丝中央。

(4)每一测点应观测两测回,两测回观测之差不得大于0.15 mm;每一测回照准读数两次,两次照准读数差不得超过0.15 mm。分别记下纵、横向分划尺和相应测微鼓的数值。

十一、钢尺收敛计

钢尺收敛计是一种应用较为普遍的便携式仪器,主要用于固定在建筑物、基坑、边坡及周边岩体的锚栓测点间相对变形的监测,它可以在施工期和竣工后定期观测隧洞顶板下沉、坑道顶板下垂、基坑形变、边坡稳定性的表面位移等。

(一)监测原理

洞室收敛观测是用收敛计测量洞室围岩表面两点连线方向上的相对位移,即收敛值。调整收敛计的长度微调旋钮,观测测力元件,使本次测量的钢尺松紧程度与前一次测量时的钢尺松紧程度一致,前后2次钢尺读数的变化量即为洞室两点之间在这一时段的变形量。

(二)结构形式

收敛计主要由钢卷尺、百分表(或数字显示器)、测量拉力装置及锚栓测点相连接的连接挂钩等部分组成,如图9-41所示。钢尺按每2.5 cm或5 cm孔距用高精度加工穿孔,测力计张拉定位进行拉力粗调。弹簧控制拉力使钢尺张紧,用百分表(或数字显示器)进行位移微距离读数测量。

1. 钢卷尺

测量时,钢卷尺(包括收敛计)横跨在两个参考测点之间放置。卷尺上每隔50 mm(公制)或2 in(英制)(1 in=2.54 cm,全书同)就有一个孔,卷尺上的刻度就标明了尺孔的具体位置。

卷尺长度大约比标识的刻度短165 mm或6.5 in。在计算距离变化值时,卷尺上的读数会略去,所以卷尺的实际长度与计算值无关。由于并不需要距离的绝对值,所以没必要考虑卷尺的悬链线或参考测点的伸出长度。

2. 吊钩

钢卷尺的自由端带有一个吊钩,钩在一个参考测点上。实际测量的时候,操作员可放松卷尺以便将收敛计另一端的挂钩挂到参考测点上。

3. 导尺槽和指示插销

仪器的前端有个卷尺导槽。操作人员将卷尺穿进导槽里,并将插销插入适当的尺孔内,这样操作人员可使卷尺充分张拉,控制测量。

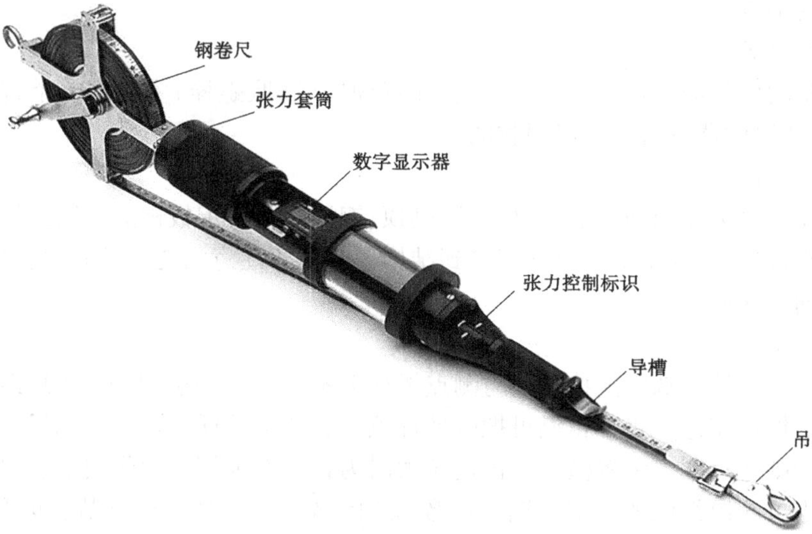

图 9-41　钢尺收敛计结构示意图

4. 张力套筒和张力控制标识

旋转张力套筒给卷尺施加张力。张力控制标识对准时，卷尺处于正确张拉状态。

5. 百分表或数字显示器

百分表或数字显示器用于微距离的精确读数。

(三)锚固点安装

锚固类型见图 9-42。收敛计装置安装见图 9-43。

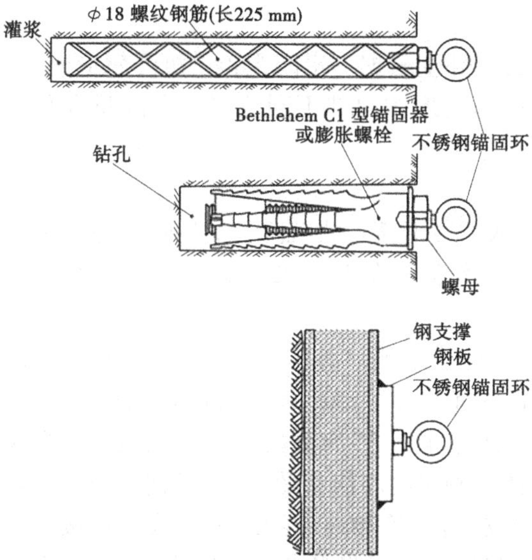

图 9-42　锚固类型

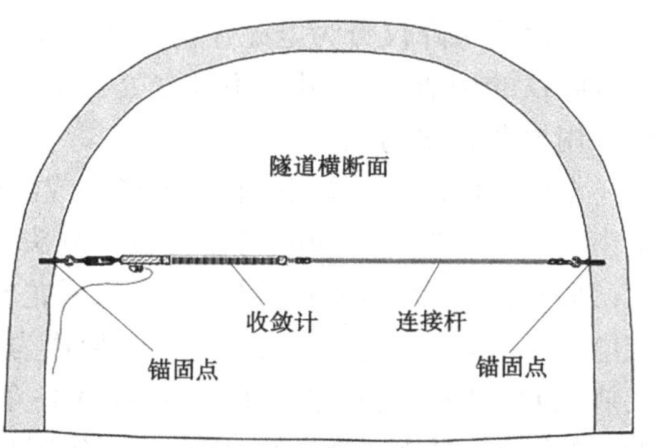

图 9-43　收敛计装置安装图

1. 可灌浆锚固器

挂环螺栓固定在一根螺纹钢筋的一端，钢筋安装在一个小钻孔中，采用灌浆或者直接浇注在隧洞的中线上。

2. 楔形锚固器

一个灌浆的代替物,用一个岩基螺栓扩胀锚固器(膨胀螺栓)安装在 1 个直径 35 mm 的钻孔中,这些锚固器有时是可以回收的。

3. 可焊接的锚固器

锚固器需要安装在钢结构上,比如隧洞拱顶、钢接头或者钢板桩上。用螺栓将锚固器连接到一块小铁板上,这块板将会被焊接到结构上。需要注意的是,锚固环的平面应该与观测断面在同一断面上。

4. 现场测试

测量时将收敛计一端的连接挂钩与测点锚栓上不锈钢环(钩)相连,展开钢尺使挂钩与另一测点的锚栓相连。张力粗调可把收敛计测力装置上的插销定位于钢尺穿孔中来完成。张力细调则通过测力装置微调至恒定拉力时为止。在弹簧拉力作用下,钢尺固紧,高精度的百分表可测出细调值。记下钢尺计数,加上(减去)测微细调读数,即可得到测点位移值。应进行三次重复观测,三次读数差不应大于收敛计的精度值,取三次读数的算术平均值作为稳定值,同时测记收敛计的环境温度。

为提高测量精度,每一工程应使用专用的收敛计,并用率定架定期核对其稳定性,再确定温度补偿进行校验。更换钢尺时,则应建立新的基准读数。仪表使用前温度应稳定。

十二、电磁式沉降仪

电磁式沉降仪是安装埋设在堤坝、土石坝、地基及其他岩土工程建筑物及其基础内部或外表面,用来监测其竖向位移变化的仪器。

(一)监测原理

在变形体内部监测部位垂直埋设套管,沿套管外壁根据一定间距布设沉降感应磁环,用沉降探头感应并确定每个磁环的位置,以此计算变形体内部不同位置的沉降量和总沉降量。

(二)结构形式

电磁式沉降仪分为电磁振荡式和干簧管式两类。干簧管式沉降仪的构造与电磁振荡式沉降仪的构造基本相同,不同之处在于干簧管式沉降仪的测头采用干簧管制成,而示踪环采用永久磁铁制成。

电磁式沉降仪主要由测头、沉降环或沉降板、电缆和测尺等组成,如图 9-44 所示。测头由圆筒形密封外壳和电路板组成。测头一端系有 50 m(100 m、150 m 或其他)长钢卷尺(两侧带有导线,并与卷尺一同压入尼龙或透明塑料中)或有刻度标识的电缆。钢卷尺或电缆平时盘绕在滚筒上,滚筒与脚架连为一体。测量时将脚架放置在测管管口外,将探头放入测管中。测管采用 PVC 管或 ABS 管制成,由主管和连接管组装而成。连接管是伸缩的,套于两节主管之间,用自攻螺丝定位。沉降环或沉降盘套于主管之上,与主管一起埋入钻孔或填土中。

(三)仪器安装

1. 钻孔埋设沉降管和沉降磁环

根据连接管、沉降磁环及管与孔壁回填需要,要求钻孔直径、深度及孔斜满足设计要求;连接管接头、管底用管座堵塞,并做防泥处理;将沉降磁环套在测量管上,根据设计要求的间距布置沉降磁环;先下带底座的沉降管段,在管口用人工紧固管身,防止管子下落,在管口连接下一段测量管,进行管接头连接和防泥处理,依次安装各段测量管,最上部管口用管盖盖上;沉降套管与孔壁间回填中细砂,用水沉砂法回填,控制回填料的速度,防止出现架空现象。

待回填料沉淀 1~2 d 后,用电磁沉降仪测量各沉降磁环距管口的深度,同时测量管口高程,推算各沉降磁环的埋设高程,无荷载影响下连续观测,取相对稳定的埋设高程作为沉降环的初始高程。

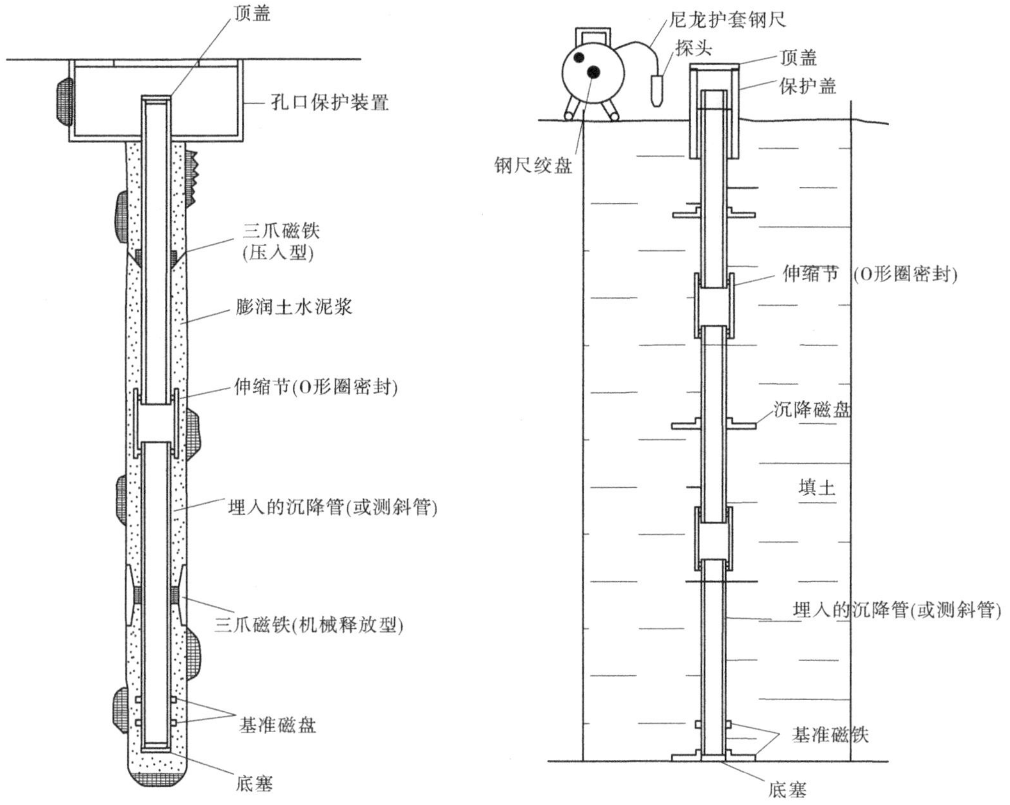

(a)钻孔埋设方式　　(b)填土埋设方式

图 9-44　电磁式沉降仪构造图

2. 填土埋设沉降管和沉降磁环

连接管接头、管底用管座堵塞,并做防泥处理。采用在管周围人工填筑土台的方式埋设沉降管,测量管连接至高出沉降环埋设高程后,在沉降管周围一定范围内,先填筑土料,人工压实并整平,从管口套进沉降管,安置在已整平的基面,再填筑一定厚度的涂料进行人工夯实;在沉降管周围一定范围内按要求进行人工填筑压实,达到周围材料的压实标准。每埋设一个沉降磁环,及时用电磁沉降仪测量所有沉降磁环距管口的深度,并测量管口高程,计算各沉降磁环的实测高程。

(四)现场测读

每次观测前,检验仪器设备的工作性能,然后进行正常的观测操作。将沉降仪探头放进沉降管,自上而下依次测读各沉降磁环的下行深度 I_1,然后自下而上依次测读每个沉降磁环的上行深度 I_2,沉降磁环深度应为$(I_1+I_2)/2$。重复测量 2 次,每个磁环测点的深度误差不得大于 2 mm,若大于应检查原因,并进行复测。计算时以最底部磁环为不动点,依次计算出各磁环高程,首次观测为基准值,以后各测次观测值与基准值的差值为相应点的垂直位移,孔口点垂直位移应与外部观测垂直位移相互校核。沉降管管口高程需定期测定。

模块十

应力应变监测

量

测

一、混凝土应变计

混凝土内部布置应变计(组),以了解建筑物混凝土的应力应变分布,寻求最大应力(拉应力、压应力和剪应力)的位置、大小和方向,以便估计结构的强度安全程度,为建筑物运行和加固维修提供依据。

(一)监测原理

在混凝土结构体内部埋入单向应变计、多向应变计监测混凝土的应变,结合混凝土龄期、强度、温度、徐变等力学试验成果,通过应力-应变转换,得出混凝土应力。

应变计安装在混凝土结构物中,两端头与混凝土紧密嵌固,中间应变传感部分用布缠绕与混凝土隔开,当混凝土产生应变时,则由端头带动应变管产生变形,使应变计发生变化,用相应读数仪测取监测值,由读数-物理量转换关系式计算混凝土应变监测值。

(二)结构形式

振弦式应变计主要由端座、护管、振弦、激振及拾振线圈等部分组成,如图 10-1 所示。

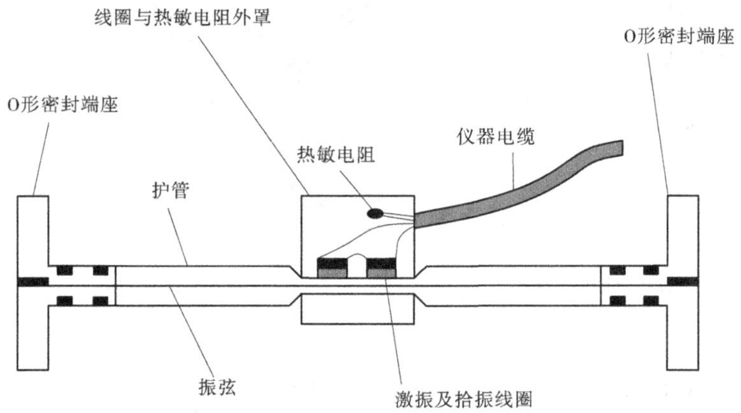

图 10-1　典型振弦式应变计结构示意图

应变计组由一个应变计支架和多支应变计组成,用于监测混凝土的应力状态,包括大主应力、小主应力和最大剪应力。应变计组通常包括两向应变计组、三向应变计组、五向应变计组、六向应变计组、七向应变计组和九向应变计组等,如图 10-2 所示。每组应变计组附近埋设一支无应力计,用于消除温度、湿度、水化热、蠕变等对混凝土变形的影响。

(三)仪器安装

1. 单向应变计安装

(1)可在混凝土振捣或碾压后,在埋设部位挖槽埋设,并用相同混凝土(剔除粒径大于 8 cm 的骨料)人工回填,人工捣实。

(2)埋设仪器的角度误差应不超过 1°,位置误差应不超过 2 cm。

应变计安装示意见图 10-3。

2. 两向应变计安装

(1)可在混凝土振捣或碾压后,在埋设部位按设计要求的方向挖槽埋设,并用相同混凝土(剔除粒径大于 5 cm 的骨料)人工回填,人工捣实。

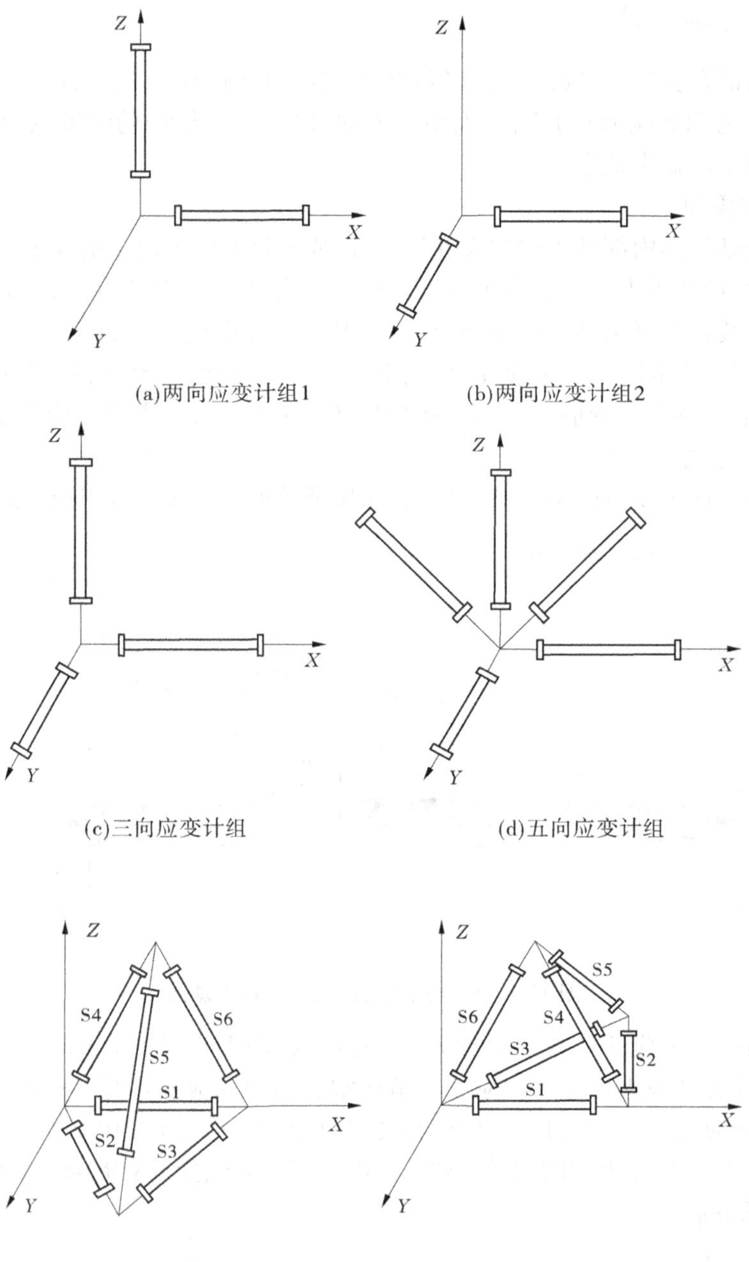

(a)两向应变计组1　(b)两向应变计组2

(c)三向应变计组　(d)五向应变计组

(e)六向应变计组1　(f)六向应变计组2

图 10-2　应变计组结构示意图

(2)两向应变计应保持相互垂直,相距 8~10 cm。埋设仪器的角度误差应不超过 1°,位置误差应不超过 2 cm。

3. 应变计组安装埋设

(1)按照埋设点的高程、方位及埋设部位混凝土浇筑进度,将预埋件预埋在先浇筑的混凝土层内,预埋件杆外露长度应≥20 cm,预埋杆可根据需要适当加长,其螺纹部分应用

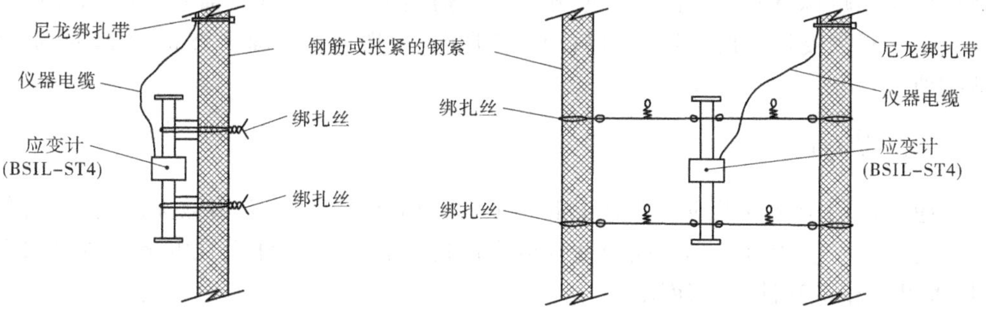

(a)用垫块绑扎在钢筋上　　(b)悬挂在钢筋间

图 10-3　应变计安装示意图

纱布或牛皮纸包裹好，以免砂浆沾污或碰伤。

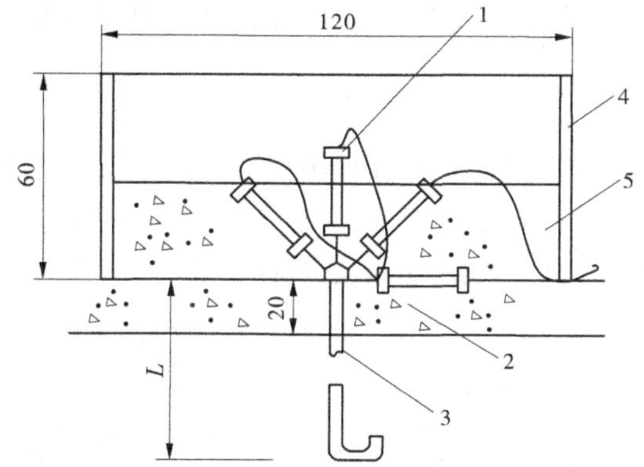

1—应变计；2—支座(支杆)；3—预埋锚杆；4—保护箱；5—混凝土。

图 10-4　应变计组埋设安装示意图　(单位：mm)

(2)当混凝土浇筑到接近埋设高程时，用适当尺寸的挡板挡好埋设点周围的混凝土，取下预埋件螺纹的裹布，安装支座并固定其位置和方向，然后将支杆套管按设计要求的方向装上支座。

(3)将套管上螺帽松开，取出支杆(螺母应套在支杆上)旋入仪器上接座端，拧紧后将支杆套入套管内，将螺帽并紧。

(4)将接好仪器的支杆插入支杆套筒内，借助支杆两端的橡胶圈保证支杆的方向和位置稳定。

(5)按设计编号安装好相应的应变计，应严格控制应变计的安装方向，埋设仪器的角度误差应不超过 1°。

(6)仪器周围的混凝土，应剔除粒径大于 5 cm 的骨料，从周围慢慢倒入仪器附近，并用人工方法捣实。

(四)现场测读

应变计安装要经历混凝土浇筑、振捣及混凝土硬化等过程。由于温度场及变化不均，往往造成残余应力会影响应变计，造成读数波动大且不稳定。为了确定测点初始值，混凝土浇筑后应当跟踪观测,以稳定后的测值作为初始值。有些测点需较长时间才能稳定。当混凝土材料强度达到使仪器与材料同步变形时,一般应在混凝土浇筑后 24 h 的测值作为基准值。

二、无应力计

无应力计用于测量无应力状态下混凝土的自由体积变形,大多数无应力计能同时监测测点的温度。使用时常和单向应变计或多向应变计组配套埋设在混凝土内,定期进行测量,也可以和钢筋计配合使用。

(一)监测原理

用锥形双层桶使埋设在内筒中混凝土内的应变计,不受桶外大体积混凝土荷载变形的影响,而桶口又和大体积混凝土连成一体,使桶内与桶外保持相同的温湿度。这样内桶混凝土产生的变形,只是温度、湿度和自身原因引起的,而非应力作用的结果。因此,内桶测得的应变即为混凝土由于温度、湿度以及水泥水化作用等因素产生“自由体积变形”,或称自由应变。

(二)结构形式

无应力计由应变计传感器和无应力计桶组成。无应力计应变传感器由与之配套观测的同类应变计或小量程的同类应变计组成,无应力计套桶一般采用锥形双层桶,桶内外层之间可填木屑或橡胶,内桶内侧涂抹 5 mm 厚沥青,无应力应变计采用铅丝固定在套桶内(见图 10-5)。

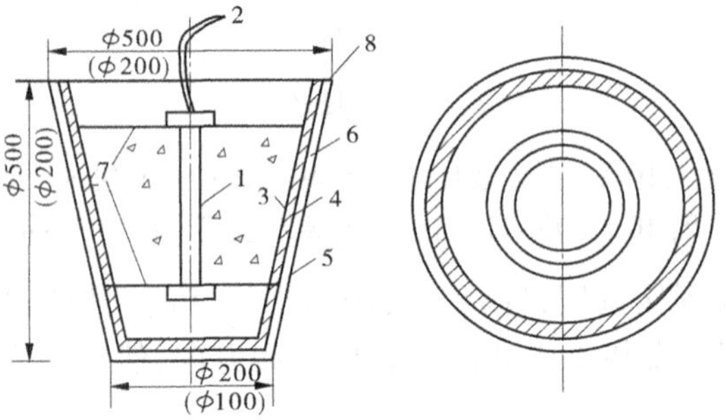

1—应变计;2—电缆;3—沥青层(5 mm 厚);4—内桶(厚度 0.5 mm);5—外桶(厚度 1.2 mm);6—空隙(可填木屑和橡胶);7—16 号铅丝;8—周边焊接。

图 10-5 无应力计结构示意图

(三)仪器安装

无应力计,与应变计(组)相配套,主要布置在应变计(组)旁 1.5 m 左右。无应力计的埋设方法与应变计(组)一样,采用深挖坑的方法,坑面积大约为 100 cm×100 cm,具体埋设步骤如下:

(1)待测点所在部位第一层混凝土浇筑完成后,挖一面积为 100 cm×100 cm、高 20 cm 的坑,在坑内支立保护箱,保护箱随周边混凝土的升高而逐渐提升,当坑内深度达到 70 cm 时,取出保护箱,进行无应变计套筒的安装埋设。埋设示意图见图 10-6。

(2)选择相应的锥形双层套筒(小底直径分别为 100 mm 和 200 mm,开口直径分别为

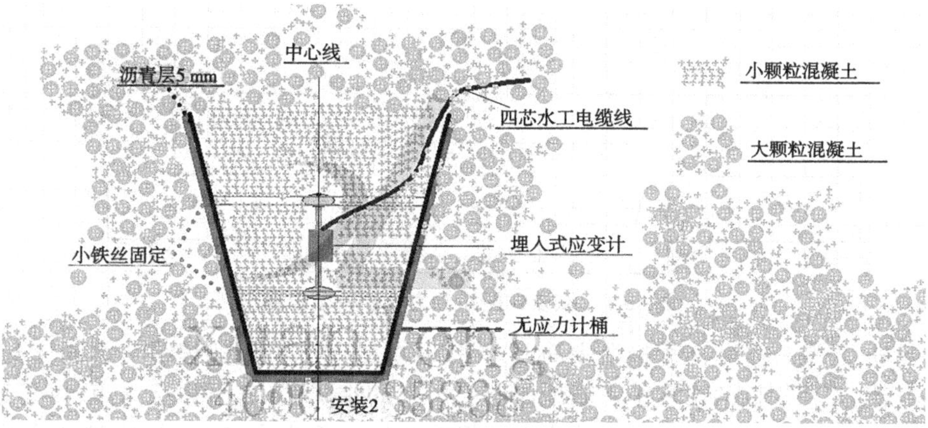

图 10-6 无应力计现场安装埋设图

200 mm 和 500 mm,套筒高度分别为 200 mm 和 500 mm),将筒内壁涂 5 mm 厚的沥青(或采用 6~8 mm 厚泡沫板)作为隔层,接缝处要加以封闭,回填混凝土时要更加小心,不能破坏隔层。

(3)将无应力计放入相应的锥形双层套筒中,用细铅丝固定在筒内的中心位置。埋设时,将筒的大口向上,向筒内填筑与应变计组附近相同的混凝土、剔除粒径大于 5 cm 的骨料,用钢杆轻轻振捣,将混凝土填到与内筒齐平,然后继续浇筑周围混凝土,控制周边 1 m 范围内不能机械振捣,直到覆盖 1 m 以上或本层混凝土结束。

(四)现场观测

无应力计安装要经历混凝土浇筑、振捣及混凝土硬化等过程。由于温度场及变化不均,往往造成残余应力影响应变计,造成读数波动大且不稳定。为了确定测点初始值,混凝土浇筑后应当跟踪观测,以稳定后的测值作为初始值。有些测点需较长时间才能稳定。当混凝土材料强度达到使仪器与材料同步变形时,一般应以混凝土浇筑后 24 h 的测值为基准值。

三、钢筋应力计

钢筋应力计主要用于观测钢筋混凝土中的钢筋应力。安装埋设时,将钢筋按照要求的尺寸裁截,按钢筋直径选配相应规格(一般选择等直径)的钢筋应力计,然后将钢筋应力计对接、对焊或绑扎在钢筋上,并保证钢筋应力计与钢筋在同一轴线上。

(一)监测原理

钢筋应力计与受力钢筋对焊后连接成整体,当钢筋受到轴向拉(压)力时,钢套随之产生拉伸(压缩)变形,与钢套紧固在一起的感应组件随之被拉伸,使振动频率产生变化,由此可以求得轴向的应力变化,还可以测得测点处的温度。

(二)结构形式

钢筋应力计由连接杆、钢套、振弦式感应组件及引出电缆组成,如图 10-7 所示。感应组件端部的引出电缆从钢套的出线孔引出,钢套两端各焊接一根连接杆。

(三)仪器安装

(1)焊接安装法。先把钢筋计安装位置的钢筋断开,把钢筋计与安装杆组装后串在

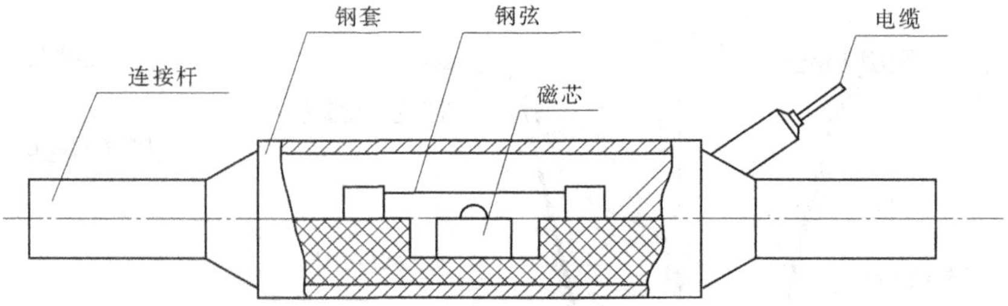

图 10-7　振弦式钢筋应力计结构示意图

钢筋断开处，安装杆全断面焊接在主筋上，焊接时要用湿毛巾包住焊缝与钢筋计安装杆、钢筋应力计，并在焊接的过程中不断地往湿毛巾上冲水降温，直至焊接结束，仪器温度降到 60 ℃以下时方可停止冲水。钢筋应力计焊接安装示意见图 10-8。焊接时可采用对焊、坡口焊或熔槽焊，焊接处的强度不低于被测钢筋的强度。

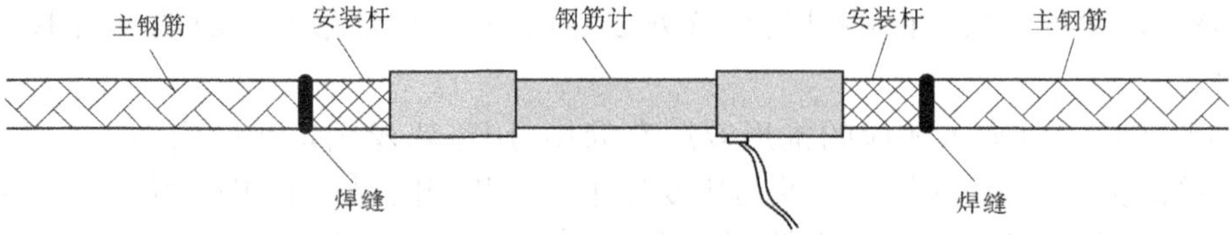

图 10-8　钢筋计焊接安装示意图

（2）机械安装法。只需要将螺纹接头与被测钢筋连接即可，为保证连接效果，连接时可使用管钳等工具将接头拧紧，在安装另一端接头时还应避免钢筋应力计两端产生相对扭转；否则会对钢筋应力计造成损坏。钢筋应力计机械安装示意见图 10-9。

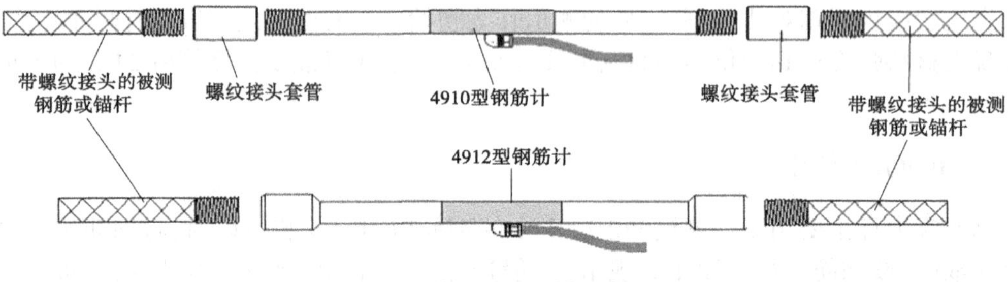

图 10-9　钢筋应力计机械安装示意图

（3）钢筋计安装好后，周围须用人工浇筑混凝土，用人工插捣，或用小型振捣器在周围插振。浇筑混凝土时禁止振动棒碰到安装有钢筋应力计的钢筋网上。在浇筑周围部分的混凝土时，特别是振捣器碰在钢筋上，使钢筋发生较大的抖动，钢筋应力计容易损坏，需要特别注意。

（四）现场测读

当混凝土材料强度达到使仪器与材料同步变形时，一般应以混凝土浇筑后 24 h 的测值为基准值。

四、锚杆应力计

锚杆应力计用于水工建筑物或岩土工程中加固锚杆的轴向应力的测量。

(一)监测原理

将与锚杆直径相同的锚杆应力计按照指定观测部位与锚杆焊接或套接,制作形成与待测锚杆型号规格相同的观测锚杆,然后埋入加固岩体或土体中,锚杆应力计会随着岩体或土体的变形产生应变。当锚杆受到轴向拉(压)力时,钢套随之产生拉伸(压缩)变形,与钢套紧固在一起的感应组件随之拉伸,使电阻比(或振动频率)产生变化,由此可以求得轴向的应力变化。

(二)结构形式

锚杆应力计由两端连接锚杆、连接杆、钢套、应变传感组件及引出电缆组成,如图 10-10 所示。锚杆应力计测量原理和传感组件与钢筋应力计相同,施工时可选用相同规格和相同测量技术指标的钢筋应力计焊接锚杆制作代替。

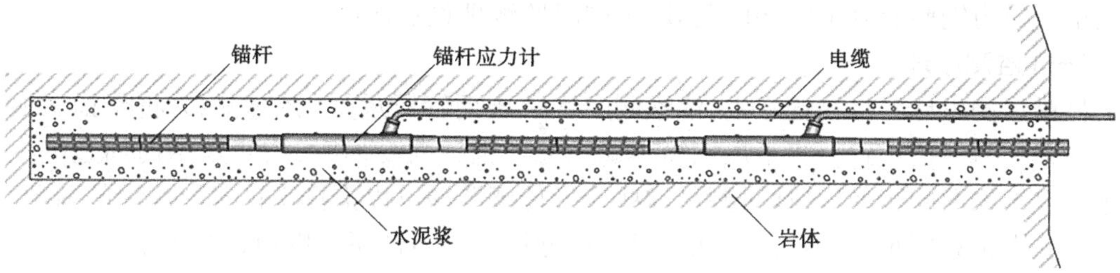

图 10-10　锚杆应力计示意图

(三)仪器安装

(1)钻孔直径应大于锚杆应力计最大直径。钻孔应冲洗干净,并严防孔壁沾油污。

(2)按照观测设计的要求裁截锚杆长度。选用螺纹连接的锚杆应力计,需要在裁截后的锚杆上先焊接螺纹接头(或对锚杆端头套丝,两端采用螺纹套接),然后再与锚杆应力计用螺纹连接,接头与锚杆应保持同轴。

(3)观测锚杆的组装。将锚杆应力计按设计深度与裁截的锚杆对接,同时装好排气管。需要对焊的锚杆应力计,焊接只能采用对焊、坡口焊或熔槽焊,且锚杆应力计与锚杆应保持同轴。

(4)组装检测合格后,将组装的观测锚杆缓慢地送入钻孔内。安装时,应确保锚杆应力计不产生弯曲,电缆和排气管不受损坏。

(5)安装检测合格后,进行灌浆埋设。在砂浆凝固前不得敲击、碰撞或拉拔锚杆,待孔内砂浆凝固后,方可进行下一步作业。砂浆固化后,读取初始值。

锚杆应力计安装示意见图 10-11。

(四)现场观测

当混凝土材料强度达到使仪器与材料同步变形时,一般应以混凝土浇筑后 24 h 的测值为基准值。

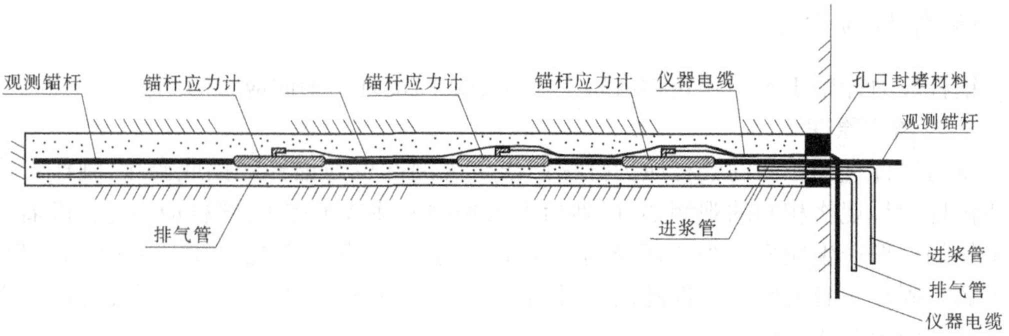

图 10-11　锚杆应力计安装示意图

五、锚索测力计

锚索测力计用于监测各种锚索对岩体或支柱(墩、座)、隧道与地下洞室中的支架以及大型预应力钢筋混凝土结构的荷载,可同时监测埋设点温度。

(一)监测原理

将锚索测力计套桩在锚索上,锚索测力计承压钢管所承受的轴向压力将与锚索所承受的轴向拉力保持一致。当承压钢筒承受压力产生轴向变形时,均布在钢筒周边的应变传感器也与钢筒同步变形,通过测量这些应变传感器即可以推算出锚索所承受的荷载,从而可以获得锚索所承受的轴向荷载。目前部分锚索测力计还可以通过测读单支应变传感器的应变,测量锚索测力计所承受的不均匀荷载或偏心荷载。

(二)结构形式

锚索测力计由承压钢筒以及均布在其周边的应变传感器组成,外部用保护罩进行密封,如图 10-12 所示。

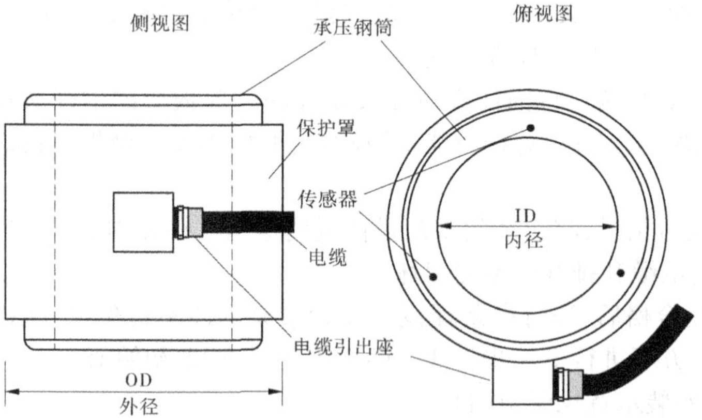

图 10-12　典型锚索测力计

(三)仪器安装

锚垫板与锚束张拉孔的中心轴线应相互垂直,允许的垂直偏差范围是 90°±1.5°。锚索测力计承载筒上下面可设置承载板以保证平整结合以便荷载均匀传递,承载板应经平整加工，不得有焊疤、焊渣及其他异物，锚索测力计应置于锚板和锚垫板之间，并尽可能保持三者同轴。锚索测力计安装示意见图10-13。

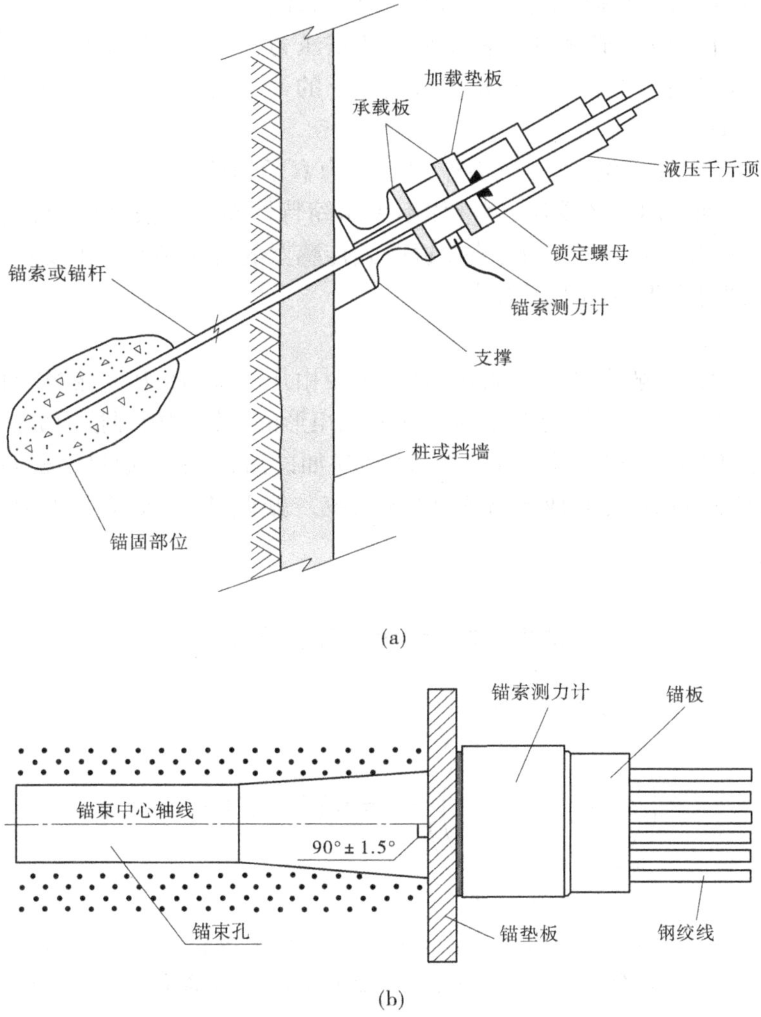

图10-13 锚索测力计安装示意图

(四)现场测读

仪器安装就位后，加荷张拉前，准确测量其初始值和环境温度，连续测三次，当三次读数的最大值与最小值之差小于1%F.S时，取其平均值作为监测的基准值。

基准值确定后按设计技术要求分级加荷张拉，逐级进行张拉监测：每级荷载测读一次，对最后一级荷载进行稳定监测。每5 min测读一次，连续测读三次，最大值与最小值之差小于1%F.S时则认为稳定。

六、土压力计

土压力计用于测定土体作用在建筑物或构筑物上的总压力。土压力计按埋设方法分为埋入式和边界式两种。埋入式土压力计是土压力计埋入土体中,测量土中的应力分布,也称土中压力计或介质土压力计。边界式土压力计是安装在刚性结构物表面,受压面面向土体,测量接触应力,也称界面式或接触式土压力计。

单支土压力计一般只能测量与表面垂直的正压力,3~4 支土压力计成组埋设,相互间成一定角度,即可用应力状态理论求得观测点上的大主应力、小主应力和最大剪应力。

(一)监测原理

以分离式土压力计为例,当土压力作用于压力盒承压膜(一次膜)上,承压膜即产生微小挠性变形,使油腔内液体受压,因液体不可压缩特性而产生液体压力,通过连接管传到压力传感器的受压膜即二次膜上,或使振弦式传感器的自振频率发生变化,测出相应的变化值,经换算即可求得所测土压力值。

(二)结构形式

埋入式土压力计一般设计成分离式结构,主要由压力盒、压力传感器、油腔、承压膜、连接管和屏蔽电缆等组成。压力盒由两块圆形或矩形的不锈钢板焊接而成。两块钢板间约有 1 mm 间隙,构成一空腔,腔内充满防冻液体(如硅油)。油腔通过一根高强度钢管的连接管与钢弦传感器连接形成封闭的承压系统。振弦式埋入式土压力计结构示意见图 10-14。

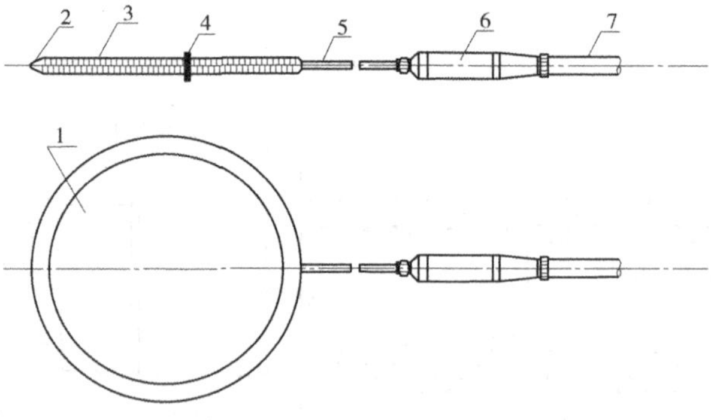

1—膜盒;2—橡皮边;3—承压膜;4—油腔;5—连接管;6—传感器;7—引出电缆。

图 10-14 振弦式埋入式土压力计结构示意图

竖式土压力计与卧式土压力计均没有连接管。以振弦式土压力计为例,竖式土压力计的钢弦垂直于受压板的中心,一端固定在受压板上,另一端则固定在与受压板连成一体的刚性构架上。因此,当传感器受力后使钢弦松弛,频率降低。卧式土压力计的钢弦则平行于受压板,钢弦固定支架垂直于受压板。因此,受压板受力后使钢弦拉紧,频率增高。竖式土压力计结构示意见图 10-15,卧式土压力计结构示意见图 10-16。

(三)仪器安装

1. 填土中埋设

土压力计可采用非坑埋或坑埋两种方式,并根据工程和施工现场情况决定采用哪种方式。一般采用非坑埋,特别是在堆石体中埋设最适宜。

(1)非坑埋。在填方高程即将达到埋设高程时,在填筑面上测点位置制备仪器基面。基面必须平整、均匀、密实,并符合规定的埋设方向。在堆石体内,仪器基面应分层填筑,

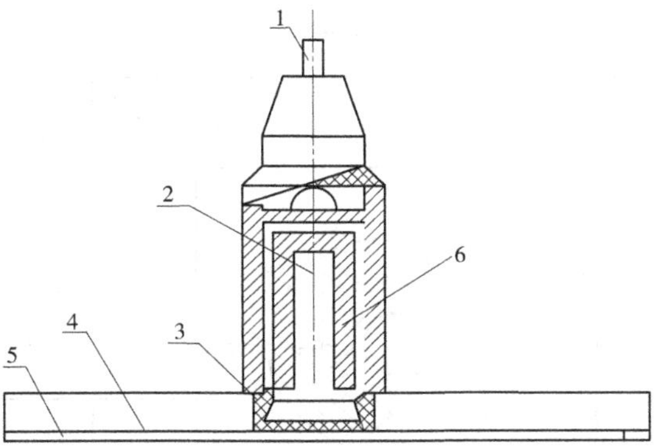

1—屏蔽电缆;2—钢弦;3—压力盒;4—油腔;5—承压膜;6—磁芯。

图 10-15　竖式土压力计结构示意图

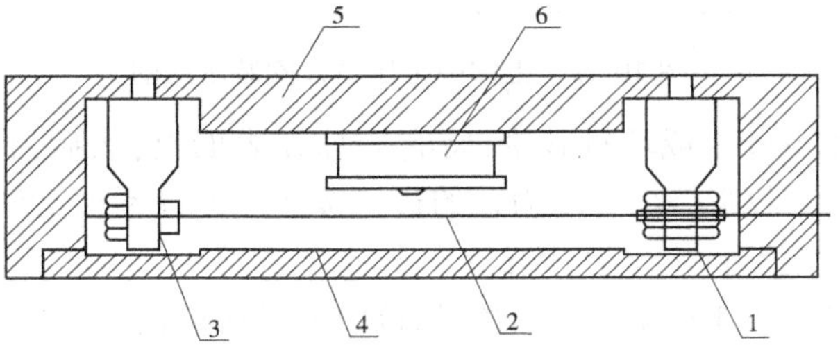

1—屏蔽电缆;2—钢弦;3—压力盒;4—油腔;5—承压膜;6—磁芯。

图 10-16　卧式土压力计结构示意图

先以较大的砾石或碎石填充堆石表面孔隙,再以较小粒径的砂砾、砂铺平、压实。然后按设计观测方位安装压力计,掩埋保护层,铺平、压实。仪器周围安全覆盖厚度以内的填方,应采用薄层铺料、专门压实的方法,确保仪器安全,并尽量使仪器周围材料的级配、含水量、密度等与邻近填方接近。为了不损坏受压板,与其接触的材料一般宜采用中细砂。

(2)坑埋。根据填方材料的不同,在填方高程超过埋设高程 1.0~1.5 m 时,在埋设位置挖坑至埋设高程,坑底面积约 1 m^2。在坑底制备基面,仪器就位后,将开挖的土石料(筛除粒径大于 5 mm 的碎石)分层回填压实。对于水平方向和倾斜方向埋设的压力计,按要求方向在坑底挖槽埋设,槽宽为 2~3 倍仪器厚度,槽深为仪器半径。回填方法同上文。如在堆石中埋设,同样挖坑,按上述要求制备基面。

土体中土压力计安装示意见图 10-17。

2. 混凝土结构表面埋设

在浇筑混凝土结构中安装时,安装步骤如下:

(1)用钉子和焊接方法将土压力计的挂耳固定到模板上对土压力计进行定位。

(2)将土压力计感应面的薄板直接对着模板。

(3)将土压力计轻轻地钉到板面上,使其与混凝土充分结合。

在已浇筑混凝土结构上安装时,遵循以下步骤:

(1)将土压力位置定位,确定吊耳位置,钻孔用来安装膨胀螺栓。

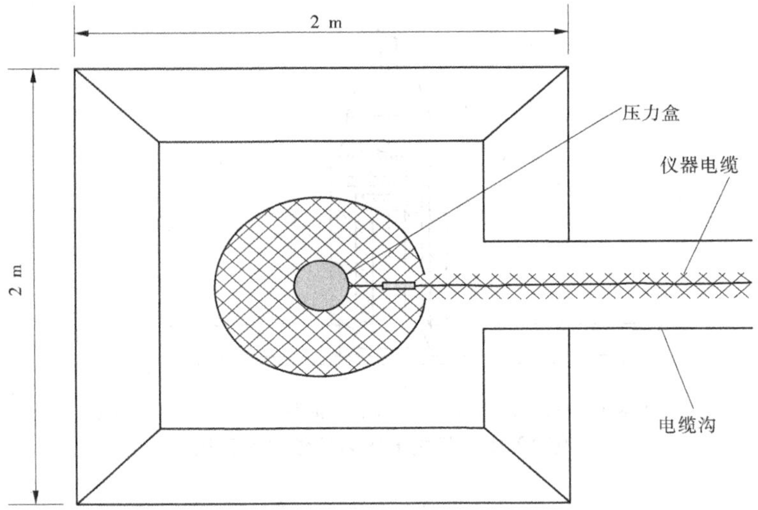

图 10-17　土体中土压力计安装示意图

(2)拌和速凝水泥砂浆或环氧砂浆,将它们抹在表面上,然后,将土压力计压进水泥砂浆中,使多余的水泥砂浆挤出土压力计的边。按住压力计不动,直至水泥砂浆凝固。

(3)用螺栓或用钢钉将土压力计就位。

(4)避免用粒径大于 10 mm 石块的细颗粒回填材料覆盖。

现浇、已浇混凝土结构土压力计安装示意见图 10-18、图 10-19。

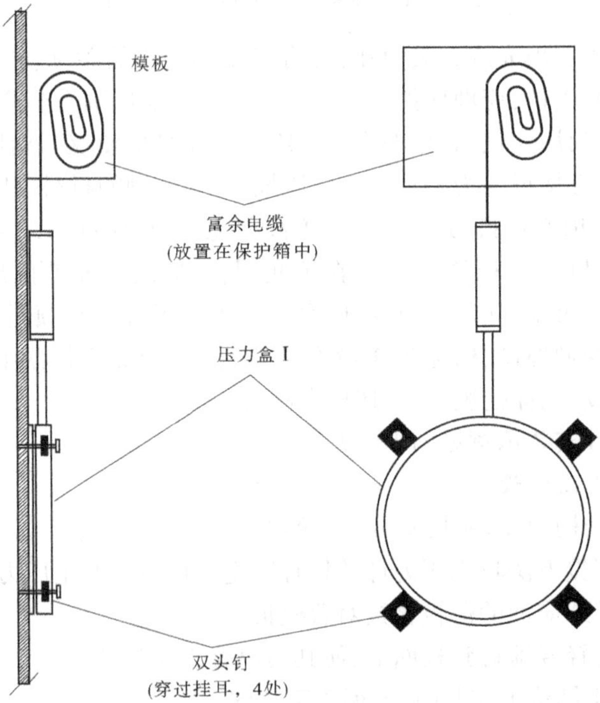

图 10-18　土压力计安装示意图(现浇混凝土结构)

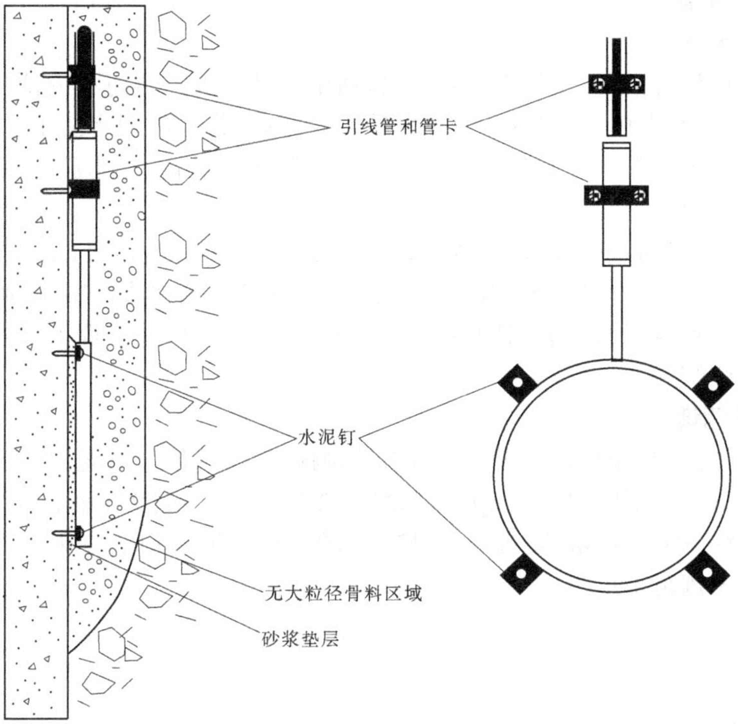

图 10-19　土压力计安装示意图(已浇混凝土结构)

(四)现场测读

对于埋设于土基或侧墙部位的土压力计,仪器安装后,埋设仪器的覆盖回填砂垫层回填后的测值为基准值。对于埋设于隧洞衬砌与围岩间的或基岩上的土压力计,待回填砂浆终凝后(或 24 h 后)测值为基准值。

七、温度计

温度计用于监测混凝土坝、面板堆石坝的库水温度,以及混凝土结构在浇筑过程与运行过程中的温度变化情况;也可埋设于钻孔中,监测测点的环境温度。

(一)监测原理

振弦式温度计是基于钢弦传感体在不受外力作用时,受温度影响产生不同的膨胀变形,从而导致钢弦频率发生变化的原理制作而成。

(二)结构形式

温度计由钢弦传感体、密封壳体和引出电缆三部分组成,如图 10-20 所示。

图 10-20　振弦式温度计结构示意图

(三)仪器安装

1. 基岩温度计

在仪器埋设位置钻孔，孔径 76 mm，孔深钻至设计深度。再将孔内清洗干净，若孔内有水流出，可先在孔内填一部分水下砂浆，砂浆凝固后，将孔内积水清干。将每支仪器按照设计埋设深度绑扎在一根 PVC 管上或竹竿上一同放入孔内，用水泥砂浆灌浆。

2. 坝体温度计

待混凝土浇筑到高于仪器设计高程 20 cm，挖开混凝土，然后细心地将温度计放入混凝土中，在仪器周围填入混凝土，用人工或小功率振捣器仔细将周围的混凝土捣实。或将温度计固定在细木棒(使用钢材料时注意增加隔热材料)上，垂直埋入混凝土内，细木棒事先在水中浸泡饱和。

(四)现场测读

新浇混凝土内埋设的，以埋入后 10 min 的测值为初始值。新老层面间安装的，以混凝土覆盖 15 min 后的测值为初始值。埋设后 12 h 之内，每隔 2 h 采集一次数据；12~24 h，每隔 4 h 采集一次，24~48 h；每隔 8~12 h 采集一次；前 7 d 内，一天一次；7 d 后，根据设计要求或技术规范采集。

模块十一

渗流监测

量

测

一、电测水位计

电测水位计用于测压管(孔)、量水堰、水库、江河等水位量测。

(一)监测原理

电测水位计是根据将水作为导体的原理设计的,当测头接触水面时水导体使电路两电极闭合,信号经电缆传至指示器配置的蜂鸣器或指示灯,此时可从电缆标尺上直接读取水位深度。

(二)结构形式

电测水位计由测头、电缆、滚筒、手摇柄和指示器等组成。典型结构有提匣式和卷筒式,如图 11-1 所示。测头为金属制成的短棒,两芯电缆在测头中与电极相接,形成闭合电路的“开关”,当测头接触水面利用水导体接通两极电路。

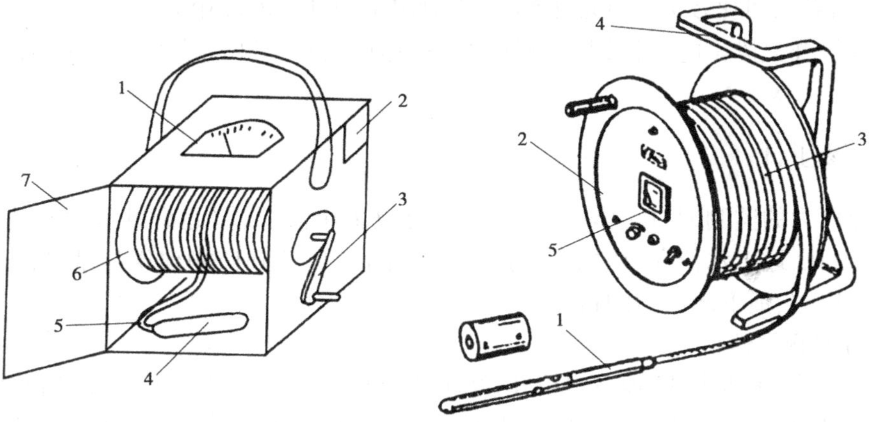

1—指示器;2—电池盒;3—手摇柄;4—测头;
5—电线;6—滚筒;7—门。

(a)提匣式

1—测头;2—卷筒;3—两芯刻度标尺;
4—支架;5—指示器。

(b)卷筒式

图 11-1　电测水位计结构图

两芯电缆除信号传输外,同时作为刻度标尺(见图 11-2)和测头的吊索,一般采用聚乙烯两芯刻度标尺,以测头下端为起点,自下而上标注刻度。滚筒用来盘卷标尺,用手摇柄操作滚筒进行收放。指示器一般采用微安表(或毫伏表),配有蜂鸣器或指示灯,电源采用干电池。有的电测水位计在侧头装有测温元件,在水位测量的同时可兼测水温。

(三)现场测读

(1)测量时,拧松绕线盘后面的止紧螺丝,让绕线盘自由转动后,按下电源按钮(电源指示灯亮),把探头放入水管内,手拿钢尺电缆,让探头缓慢地向下移动,当探头的触点接触到水面时,接收系统的音响器便会发出连续不断的蜂鸣声,此时读写出钢尺电缆在管口处的深度尺寸,即为地下水位离管口的距离。

(2)测量过程中,当探头的触点接触到水面时,音响器会发出声音,或电压表立即会有指示,此时应缓慢地收放钢尺电缆,以便仔细地寻找到发音或指示瞬间的确切位置后读

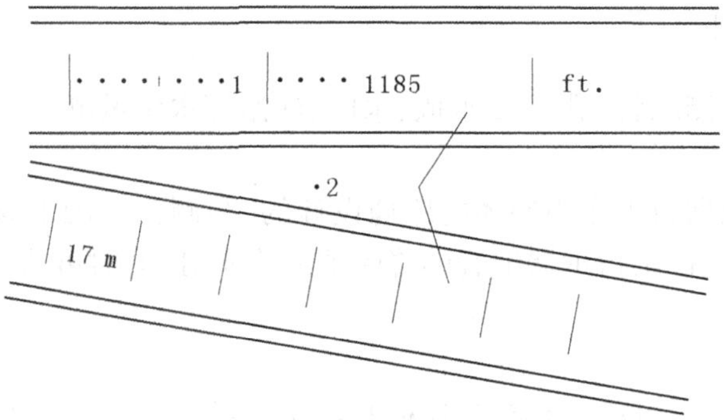

图 11-2 刻度标尺

出该点距孔口的深度尺寸。

(3)若在噪声比较大的环境中测量,蜂鸣声听不见,可改用峰值指示,只要把仪器面板上的选择开关拨至电压挡即可,测量方法同前,此时的测量精度与音响器测得的精度相同。

二、渗压计

渗透压力的监测即对流体压力的监测,可以采用渗压计(也称孔隙水压力计)、测压管、扬压力孔、地下水位孔、绕坝渗流孔等监测手段,以达到监测建筑物基础渗透压力、岩体孔隙水压力、地下水压力的目的。

(一)监测原理

在测压管、扬压力孔、地下水位孔、绕坝渗流孔中,可以安装埋设渗压计得到测试压力水头,也可以直接采用水位计或安装压力表的方法直接测出水位或水压。当渗压计膜片受力时,引起弹性钢弦的张拉变化,改变钢弦的振动频率,通过频率仪测得钢弦的频率变化即可换算出水压力。

(二)结构形式

振弦式孔隙水压力计由透水板(体)、承压膜、钢弦、支架、线圈、壳体和传输电缆等构成,如图 11-3 所示。透水板有圆锥形、圆板型等,材料一般用氧化硅、不锈钢或青铜粉末冶金烧结,高进气压力透水板多用陶瓷材料烧结。

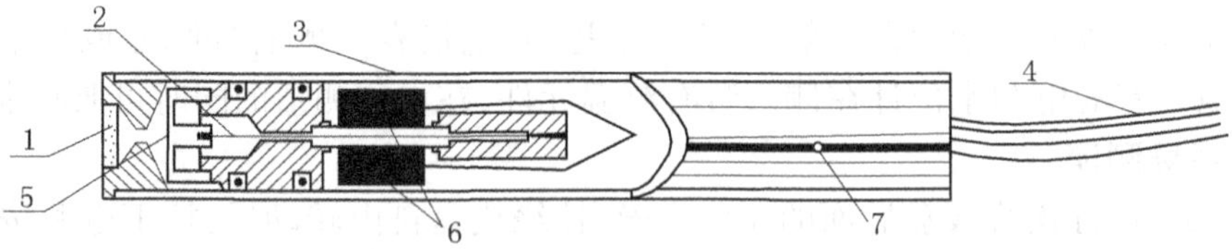

1—透水石;2—钢弦;3—不锈钢体;4—四芯电缆;5—膜片;6—激励及接收线圈;7—内密封。

图 11-3 振弦式孔隙水压力计

国内孔隙水压力计钢弦一般采用机械夹紧方式,并与支架做成一体;国外则采用了特殊夹持技术来固定钢丝,使得敏感元件做到了微型化,也随之缩小了外形尺寸。承压膜是传感器的受力元件,多采用小直径受压膜片结构,膜片厚度取决于量程大小。线圈有单线圈和双线圈两种,前者为间隙激振型,后者为连续激振型。

(三)仪器安装

1. 坑槽安装埋设法

(1)在土石体内(或基础表面)安装埋设渗压计,当填筑高程超出测点埋设高程约 0.3 m 时,在测点开挖坑槽,深约 0.4 m,采用砂包裹体的方法,将渗压计在坑槽内就地安设。砂包裹体由中粗砂组成,并用水饱和。然后采用薄层铺料并压实的方法,按设计回填原开挖料。埋设后的渗压计,仪器以上的填筑安全覆盖厚度应不小于 1 m。

(2)连接电缆以上的填筑安全覆盖厚度,在黏性土体内应不小于 0.5 m,在堆石内应不小于 1 m。

渗压计坑槽安装埋设见图 11-4。

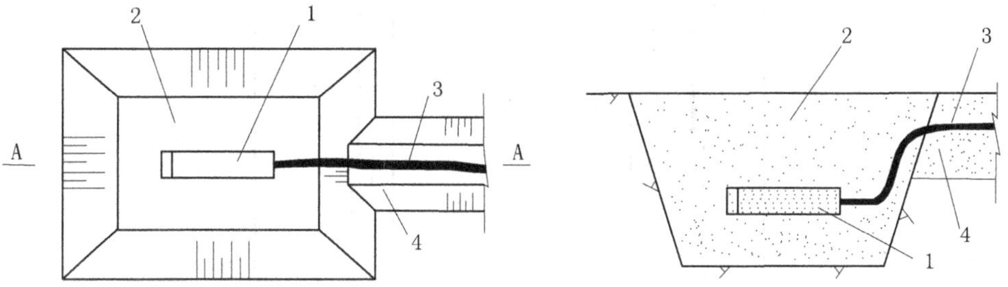

(a)平面图　　(b)A—A剖面图

1—孔隙水压力计;2—回填中粗砂;3—仪器电缆;4—回填砂或粒径小于 5 cm 的级配碎石料。

图 11-4　渗压计坑槽安装埋设图

2. 钻孔安装埋设法

(1)在建筑物及其基础、地下工程围岩或绕坝渗流两岸深层钻孔安装埋设孔隙水压力计,其钻孔孔径依该孔中安设的仪器数量而定,一般采用直径 90~146 mm。成孔后应在孔底铺设中粗砂垫层,孔内深 30~50 cm。

(2)渗压计的连接电缆,在孔内宜采用软管套护,并辅以受力铅丝与仪器测头相连。安装埋设时,应自下而上依次进行,并依次以中粗砂封埋仪器测头,根据不同介质以回填料逐段封孔,与测压管封孔一致(参见测压管的封孔方法)。封孔段长度应符合设计规定。回填料、封孔料应分段捣实。

渗压计钻孔安装埋设见图 11-5。

渗压计钻孔安装埋设见图 11-5。

3. 混凝土内安装埋设

1)在现浇混凝土内埋设

在现浇混凝土内埋设渗压计,通常埋设在采用分层浇筑施工时的混凝土块施工缝上,主要用于监测在库水作用下,沿混凝土施工缝的渗透水压力。

(1)在先浇筑的混凝土块层面上的测点处预留一个直径 20 cm、深 30 cm 的孔。

(2)在上层混凝土浇筑前,将包裹反滤料的渗压计放入孔中,孔内填满饱和细砂,孔

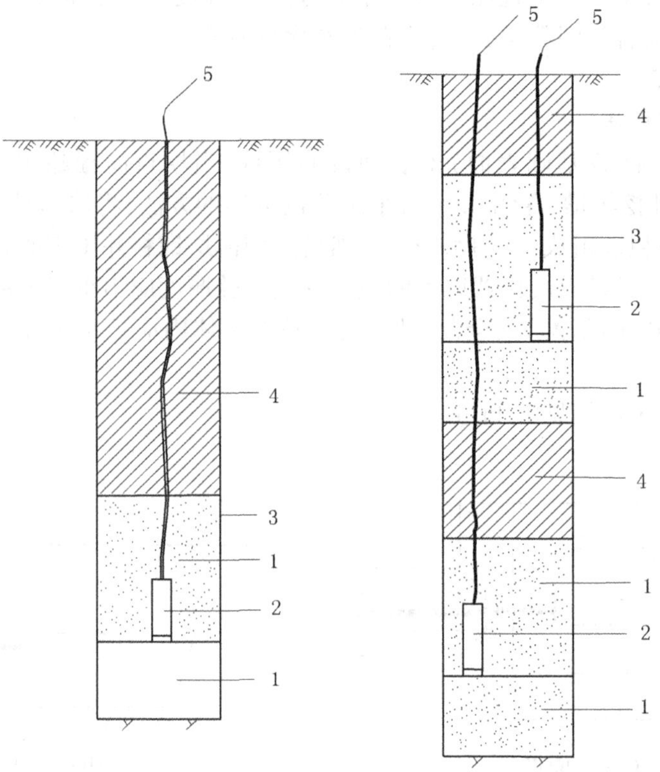

(a)单支孔隙水压力计　　　　(b)多支孔隙水压力计

1—中粗砂反滤;2—孔隙水压力计;3—钻孔;4—封孔料;5—仪器电缆。

图 11-5　渗压计钻孔安装埋设图

口加一盖板。

(3)理顺电缆,引向测站,记录埋设前后的仪器测值,开始混凝土浇筑。

在混凝土中安装埋设渗压计示意见图 11-6。

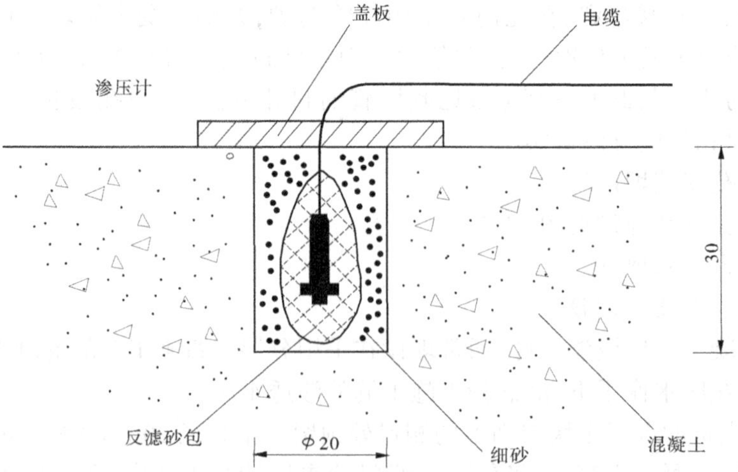

图 11-6　在混凝土中安装埋设渗压计示意图　(单位:cm)

2)在基础面上埋设(混凝土结构物基础)

(1)在基岩上钻一集水孔,孔径一般不小于 15 cm,深 100 cm,孔内填以中粗砂至仪器埋设高程。

(2)然后将带反滤砂包的渗压计放入埋设高程,孔内填满饱和细砂,孔口加一盖板。

在混凝土结构物基础面上安装埋设渗压计示意见图 11-7。

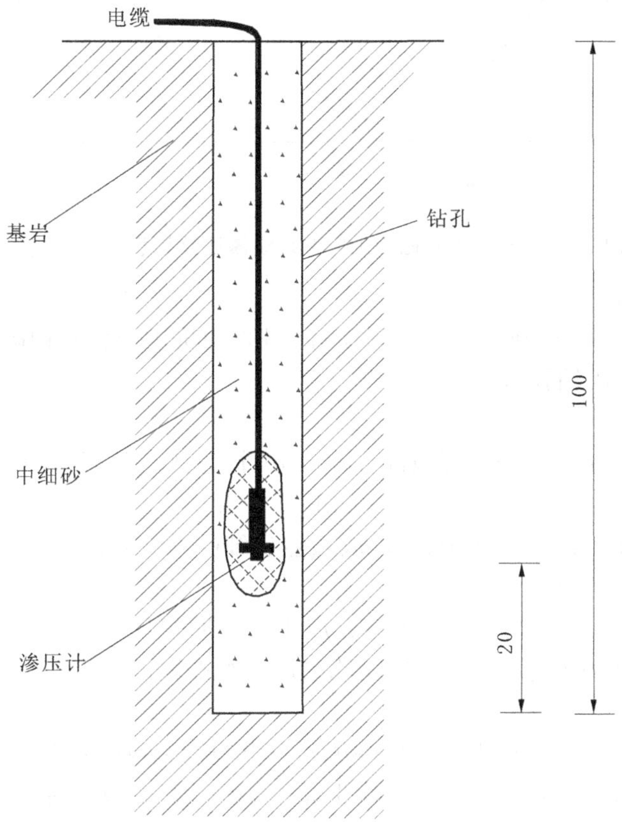

图 11-7　在混凝土结构物基础面上安装埋设渗压计示意图　(单位:cm)

3)在基础面上埋设(土石坝基础)

(1)当土石料填筑高于基础 50~100 cm 时,在测点处暂停填筑,挖去填土,露出 50 cm×40 cm 的基础。

(2)在底部填 20 cm 厚的砂,放入包裹细砂反滤料的渗压计,再覆盖 20~30 cm 的砂,浇水使砂层饱和。

在土石坝基础面上安装埋设渗压计示意见图 11-8。

(3)用原填筑料分层回填,并用木槌分层击实。回填压实密度和含水量应与坝体设计一致。

(4)仪器和电缆的回填土在 120 cm 以内时,用人工或轻型机械进行压实;填土厚为 120~200 cm 时,可用静碾压实;填土厚在 200 cm 以上时,可进行正常碾压施工。

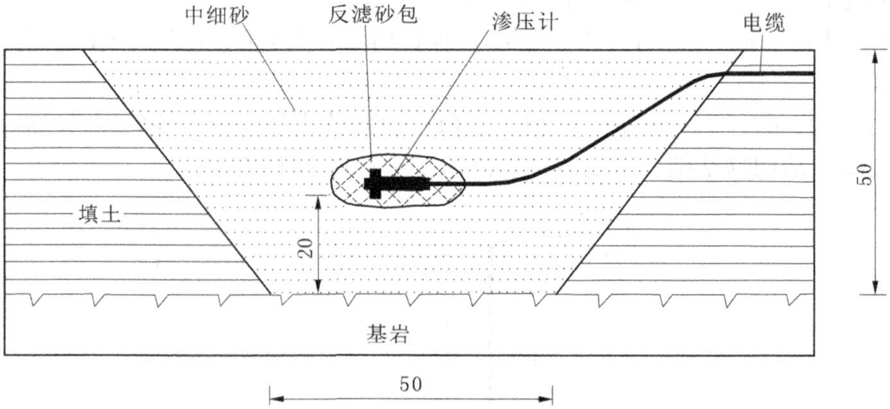

图 11-8 在土石坝基础面上安装埋设渗压计示意 （单位:cm）

4. 在土体中埋设

填筑体（如土石坝）在施工期埋设渗压计，可采用坑埋方法；在施工完毕后的运行期埋设渗压计，则可采用钻孔方法。

1）一般土料

（1）当土石料填筑高于设计埋设高程 40 cm 时，在测点处暂停填筑，挖出一个底部尺寸（长×宽）为 30 cm×30 cm，深为 50 cm 的坑。

（2）在底部填 10 cm 的干净中粗砂，放入包裹细砂反滤料的渗压计，再覆盖 20 cm 的中粗砂，浇水使砂层饱和。

（3）用原填筑料分层回填，并用木槌分层击实。回填压实密度和含水量应与坝体设计一致。对粗颗粒料中的埋设，应采用反滤的形式整平埋设基床和回填土料，由靠近仪器从细料向粗料过渡。

（4）仪器电缆沿挖好的电缆沟引向观测站。电缆沟宽 40 cm、深 40 cm，电缆线之间应平行排列，呈 S 形向前引伸。可根据设计要求，采用套管、槽板等对电缆进行专门的保护。

（5）仪器和电缆的回填土在 120 cm 以内时，用人工或轻型机械进行压实；填土厚在 120～200 cm 时，可用静碾压实；填土厚在 200 cm 以上时，可进行正常碾压施工。

在一般土料中安装埋设渗压计示意见图 11-9。

2）黏性土料

在黏性土料（土石坝的黏土心墙）中埋设渗压计，当透水石为高进气值时，也可以采用不设反滤料的直接埋设方法。

（1）当土料填筑高于设计埋设高程 50 cm 时，在测点处暂停填筑，挖出一个底部尺寸（长×宽）为 30 cm×30 cm、深为 40 cm 的坑。

（2）在底部用与渗压计直径相同的前端呈锥形的铁棒打入土层中，深度与仪器长度一样，拔出铁棒后，将透水石已饱水的仪器读取初值后迅速插入孔内，并用手加压。仪器压入孔内后，用原填筑料分层回填，并用木槌分层击实。回填压实密度和含水量应与坝体设计一致。

（3）同层仪器电缆沿挖好的电缆沟汇集在一起，并在心墙体内沿竖向引至顶部观测

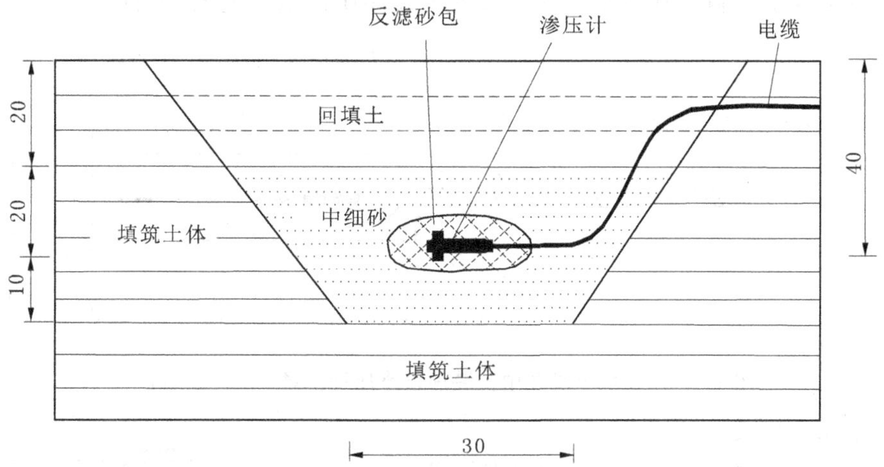

图 11-9 在一般土料中安装埋设渗压计示意图 （单位:cm）

站。电缆沟宽 40 cm、深 40 cm，电缆线之间应平行排列，呈 S 形向前引伸。可根据设计要求，采用套管等对电缆进行专门的保护。

（4）仪器和电缆的回填土在 120 cm 以内时，用人工或轻型机械进行压实；填土厚在 120~200 cm 时，可用静碾压实；填土厚在 200 cm 以上时，可进行正常碾压施工。

在黏性土料中安装埋设渗压计示意见图 11-10。

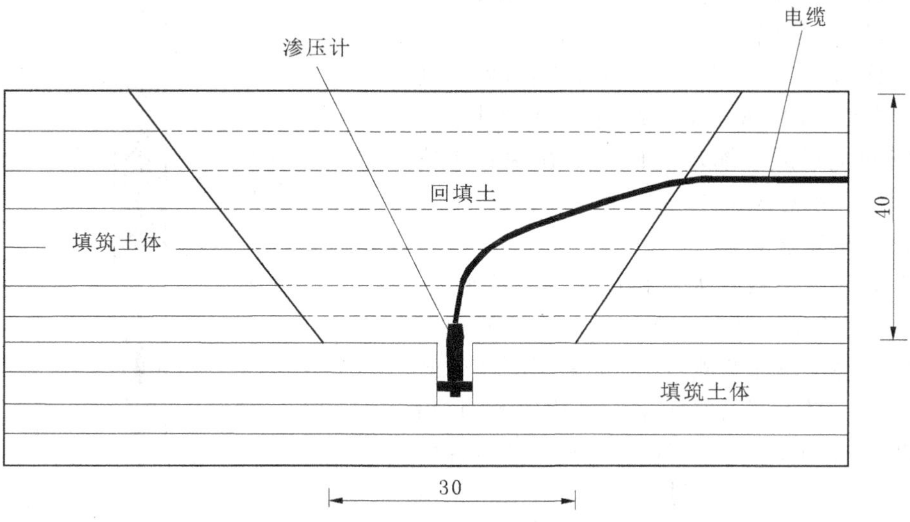

图 11-10 在黏性土料中安装埋设渗压计示意图 （单位:cm）

5. 在水平浅孔中埋设

在地下洞室围岩内或边坡岩体表面浅层埋设渗压计，需要采用水平浅孔埋设和集水。浅孔的深度为 50 cm，直径 150~200 mm。如果孔内无透水裂隙，可根据需要的深度，在孔底钻一个直径 30 mm 的小孔，经渗水试验合格后，小孔内填入砾石，在大孔内填含水细砂，将饱水的渗压计埋设在细砂中，孔口封以盖板，并用水泥砂浆封固，砂浆凝固后即可浇筑混凝土或填筑土石料。在水平浅孔中安装埋设渗压计示意见图 11-11。

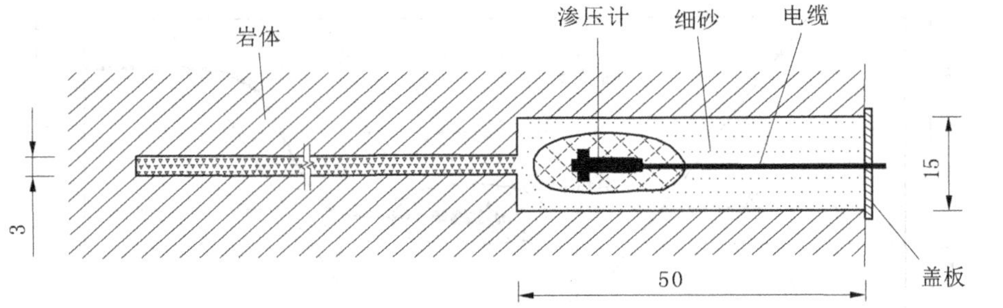

图 11-11　在水平浅孔中安装埋设渗压计示意　（单位:cm）

6. 在深孔中埋设

在坝基深部、边坡、运行期建筑物内进行渗透水压力监测，需要在钻孔内安装埋设渗压计。钻孔的深度由设计确定，孔径一般不小于 150 mm。岩体钻孔应做压水试验，钻孔位置应根据地质条件和压水试验结果确定。埋设前测量好孔深，先向孔内倒入 20~40 cm 厚的中粗砂至仪器埋设高程，然后将带反滤砂包的渗压计放入孔底。如钻孔太深，为防因砂包及电缆自身过重受损，可用钢丝吊住砂包，并把电缆绑在钢丝上进行吊装。经检验合格后，在其上填 20~40 cm 中粗砂，并使之饱和，再填入 10~20 cm 细砂，最后在余孔段灌入水泥膨润土浆或预缩水泥砂浆。在深孔中安装埋设渗压计示意见图 11-12。

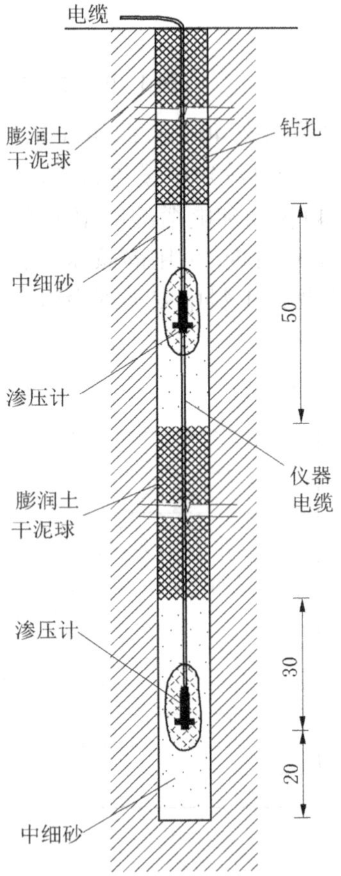

图 11-12　在深孔中安装埋设渗压计示意　（单位:cm）

7. 在测压管中安装

在介质渗透系数较大部位（如土石坝坝壳）的渗透水压力监测、混凝土坝的扬压力监测以及大坝两岸的绕坝渗流监测等，通常采用测压管式孔隙压力计。当工程需要实施自动化监测时，可通过在测压管中安装渗压计来实现。渗压计的典型安装方法是将仪器直接投入到测压管中的设计位置，如混凝土坝扬压力孔内安装渗压计。在测压管中安装埋设渗压计示意见图 11-13。

当测压管很深时，应采用钢丝或细钢丝绳拴住渗压计，将仪器电缆绑在钢丝绳上，缓缓放入测压管中，钢丝绳固定在管口上部。

（四）现场测读

渗压计安装完成后，在无外荷载及混凝土水化热结束的情况下，可进行基准值的测

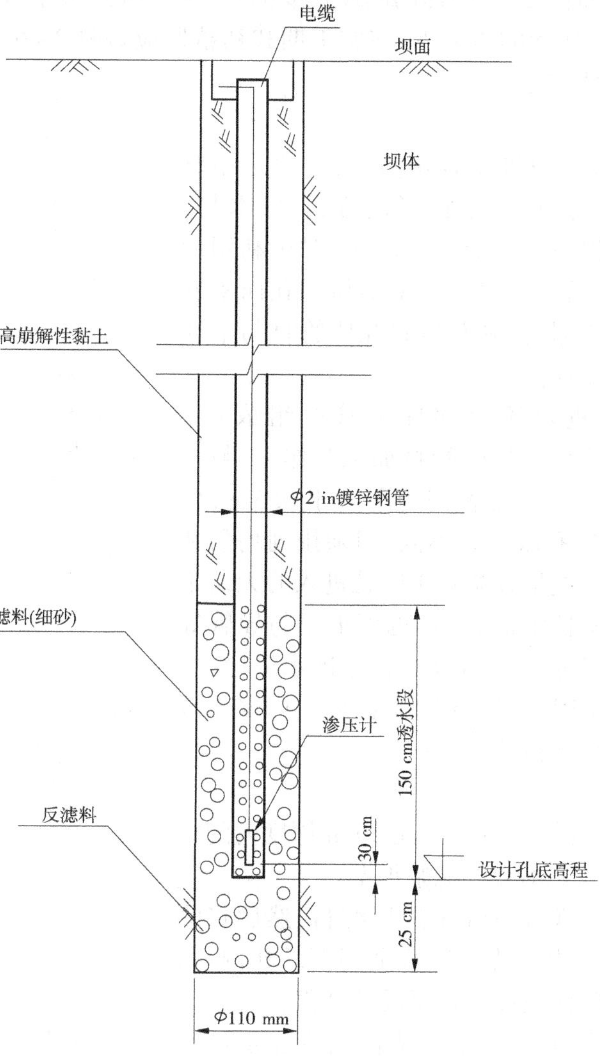

图 11-13　在测压管中安装埋设渗压计示意图

试,如果多次测值基本相同(误差 0.5%F.S),此测值可作为基准值。

三、测压管

通过读取测压管管内水头压力来监测建筑物基础扬压力、渗透压力或地下水位。

(一)监测原理

测压管水位的观测,可采用尺式水位计,测尺长度的最小刻度 1 mm,应带有不锈钢温度测头,且耐用、防腐蚀;对有压管采用压力表量测测压管水头时,应根据管口可能产生的最大压力值,选用量程合适的精密压力表,使读数在 1/3~2/3 量程范围内,精度不得低于 0.4 级,测读压力值时应读到最小估读单位,对于拆卸后重新安装的压力表应待压力稳定后才能读数;用渗压计量测测压管水头时,精度不低于±0.25%F.S;测压管水位,两次测读误差应不大于 1 cm；尺式水位计的测尺长度标记，应每隔 3~6 个月用钢尺校正一次；测压管的管口高程和有压管的压力表，在施工期和初蓄期应每隔 3~6 个月校测一次；在运行期至少应每年校测一次。

（二）结构形式

（1）宜采用金属管或硬工程塑料管，一般选用管径为 38~50 mm。对于无砂混凝土管、竹制（或木制）测压管已极少在工程中应用而几近废止，对于利用地质勘探孔难以安装导管，或岩体完整不易塌孔而不安装导管的地下水位监测孔，其孔口封孔段管材与上述一致，管径可据孔径确定。

（2）测压管由进水管段和导水管段组成（见图 11-14）。进水管段可用导管管材加工制作，一般长 1.5~3.0 m，当用于点压力监测时应不大于 0.5 m，面积开孔率 10%~20%（孔眼形状不限，但须排列均匀和内壁无毛刺），外部包扎足以防止土颗粒进入的无纺土工织物，管底封闭，不留沉淀管段，也可采用与导管等直径的多孔聚乙烯过滤管或透水石管作进水管段；进水管段顶端与导管牢固相连，导管段应顺直，内壁光滑无阻，两节管连接应采用外箍接头。

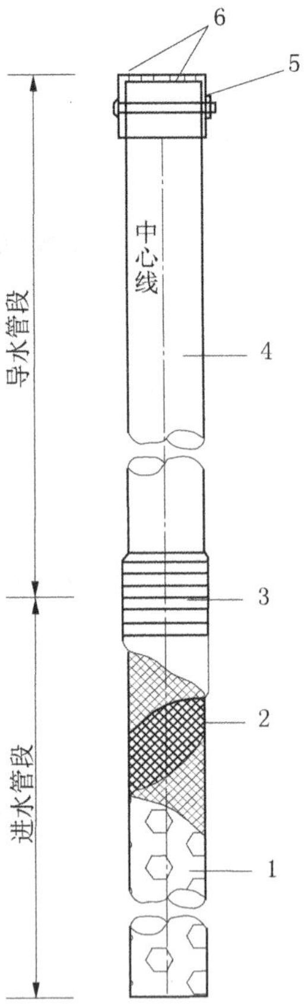

1—透水孔；2—土工织物过滤层；3—外缠铅丝；4—金属管或硬工程塑料管；5—管盖；6—电缆出线及通气孔。

图 11-14　测压管结构图

（三）埋设方法

（1）钻孔直径宜采用 110 mm，在 50 m 深度内的钻孔倾斜度不应大于 3°，不允许泥浆护壁。

（2）应先在孔底填约 20 cm 的反滤料，然后将测压管逐根对接下入孔内。待测压管全部下入孔内后，应在测压管与孔壁间回填反滤料至设计高程。

（3）测压孔封孔回填完成后，应向孔内注水进行灵敏度试验。

（四）现场测读

对无压测压管，一般采用尺式水位计（如电测水位计）进行观测，也可采用测绳配万用表进行观测。测尺长度的最小刻度为 1 mm，应带有不锈钢温度测头，且耐用、防腐蚀。对有压测压管，一般在测压管管口安装压力表进行观测。应根据管口可能产生的最大压力值，选用量程合适的精密压力表，使读数在 1/3~2/3 量程范围内，精度不得低于 0.4 级，测读压力值时应读到最小估读单位；对于拆卸后重新安装的压力表，应待压力稳定后才能读数。

四、流量堰系统

流量为 1~300 L/s 时，一般采用量水堰法。渗流量监测一般分为点渗流量监测和面渗流量监测。所谓点渗流量，是指为及时排除建筑物及其基础部位的渗流而在建筑物及其基础内设置的具有一定深度的排水管或排水孔排出的渗流水流量。所谓面渗流量，是指为判断一定区域内的渗流量大小而将渗流范围划分为若干渗流区域，分区域将渗流量汇集至集水沟来量测的方法。面渗流量也可称为区域渗流量。

当建筑物的渗流处于稳定状态时，在渗透通道面积不变的情况下，其渗漏量将与水头的大小保持稳定的相对变化，渗漏量在同样水头作用下的显著增加和减少，都意味着渗流稳定的破坏或排水系统的失效。因此，进行渗流量监测具有重要意义。

（一）监测原理

量水堰计保护筒内水面随堰槽内水位变化时，浮子会随着水位上升或下降，导向装置保证浮子随水面变动做上下垂直运动。浮子的升降变化将通过连杆传递给位移传感器，从而测量出量水堰内水位变化，根据对应类型的量水堰公式计算得到渗流量的大小。量水堰计及堰板见图 11-15。

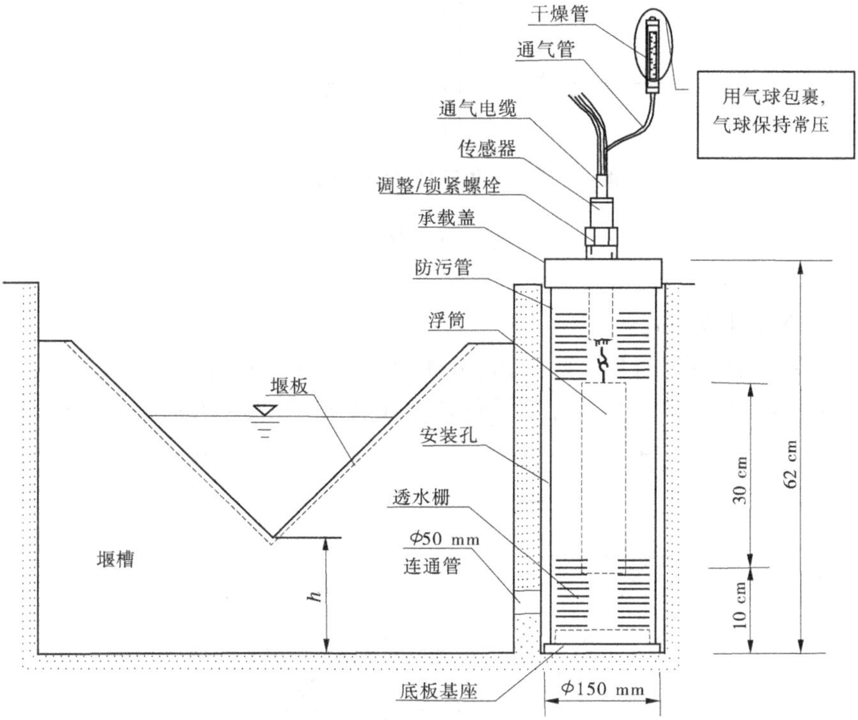

图 11-15　量水堰计及堰板

（二）结构形式

量水堰计由保护筒、浮子、连杆、导向装置、位移传感器等组成。保护筒底板用地脚螺栓固定在堰槽测点的混凝土壁上，传感器固定于保护筒的顶端，保护筒下部有网状滤孔，容许渗流水自由进入保护筒内，浮子悬浮于保护筒内。

各种量水堰的堰板宜采用不锈钢板制作，堰板类型如下：

（1）直角三角形量水堰（见图 1-16）。当流量为 1～70 L/s（堰上水头 50～300 mm）时采用。直角三角形量水堰的流量推荐计算公式如下：

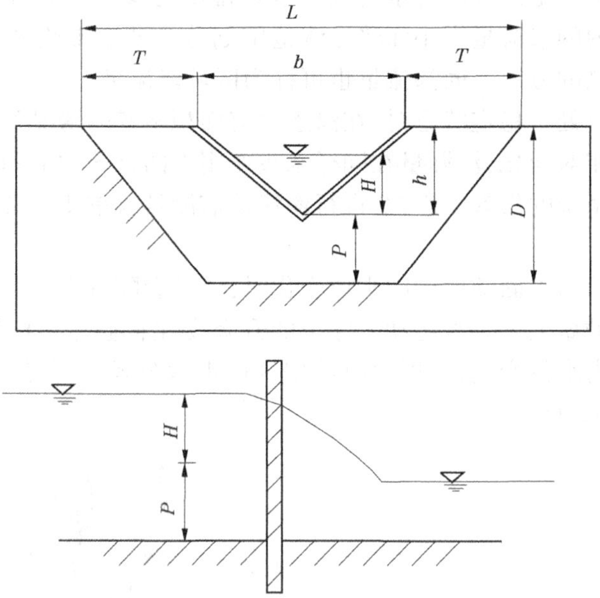

图 11-16　直角三角形量水堰结构图

$$Q = 1.4H^{5/2} \tag{11-1}$$

式中　Q——渗流量，m^3/s；

　　　H——堰上水头，m。

(2)梯形量水堰(见图 11-17)。当流量在 10~300 L/s 时采用。一般常用 1∶0.25 的侧边坡比。底(短)边宽度 b 应小于 3 倍的堰上水头 H，一般应为 0.25~1.5 m。梯形量水

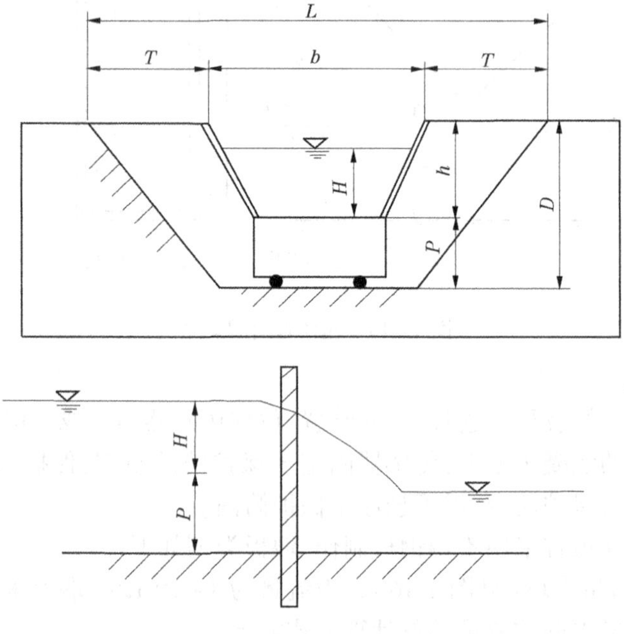

图 11-17　梯形量水堰结构图

堰的流量推荐计算公式如下：

$$Q = 1.86bH^{3/2} \tag{11-2}$$

式中　Q——渗流量，m^3/s；

H——堰上水头，m；

b——堰口宽底，m。

（3）矩形量水堰（见图 11-18）。当流量大于 50 L/s 时采用。堰口 b 应为 2~5 倍的堰上水头 H，一般应为 0.25~2 m。矩形量水堰的流量推荐计算公式如下：

$$Q = mb\sqrt{2g}H^{3/2} \tag{11-3}$$

式中　Q——渗流量，m^3/s；

H——堰上水头，m；

b——堰口宽底，m；

$m=0.402+0.054H/P$，P 为堰口高度（堰槽底板至堰顶的距离），m。

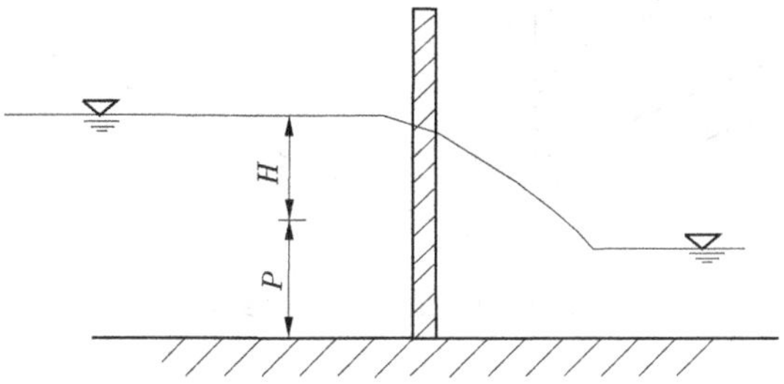

图 11-18　矩形量水堰结构图

（三）仪器安装

（1）流量堰应设在排水沟直线段的堰槽段。该段应采用矩形断面，两侧墙应平行和铅直。槽底和侧墙应衬护防渗。

（2）堰板应与堰槽两侧墙和水流向垂直。堰板应平整，高度应大于 5 倍的堰上水头。

（3）堰口过流应为自由出流。

（4）测读堰上水头的水尺或测量仪器，应设在堰口上游 3~5 倍的堰上水头处。尺身应铅直，其零点高程与堰口高程之差不得大于 1 mm。必要时可在水尺或测量仪器上游设栏栅稳流或设置连通管量测。

（5）流量堰的安装。

①堰槽段的尺寸及其与堰板的相对关系应满足如下要求：堰槽段全长应大于 7 倍的堰上水头，但不小于 2 m。其中，堰板上游段应大于 5 倍堰上水头，但不得小于 1.5 m；下游段长应大于 2 倍的堰上水头，但不小于 0.5 m。堰槽宽度应不小于堰口最大水面宽度的 3 倍。

②堰板应为平面，局部不平处不得大于±3 mm。堰口的局部不平处不得大于±1 mm。

③堰板顶部应水平，两侧高差不得大于堰宽的 1/500。直角三角堰的直角，误差不得大于 30″。

④堰板和侧墙应铅直。倾斜度不得大于 1/200。侧墙局部不平处不得大于±5 mm。

堰板应与侧墙垂直,误差不得大于 30″。

⑤两侧墙应平行。局部的间距误差不得大于 10 mm。

量水堰系统安装见图 11-19。

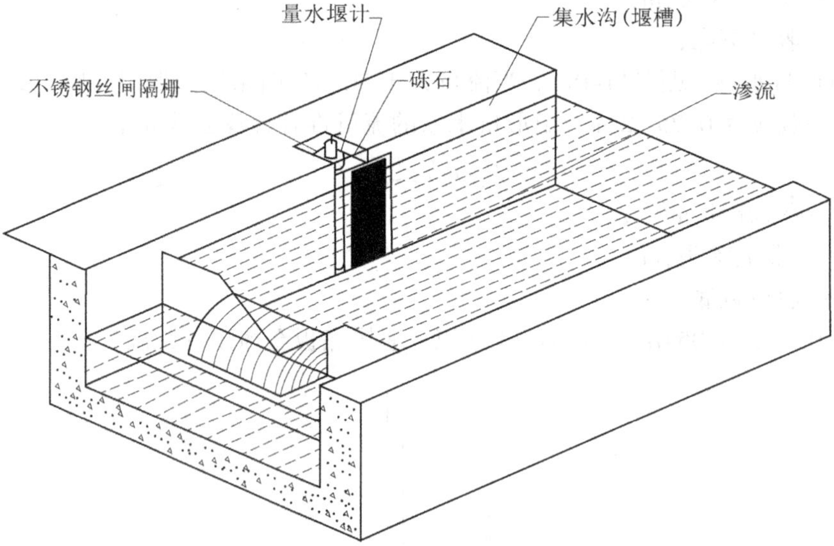

图 11-19 量水堰系统安装

(四)现场测读

量水堰壅水高度可以采用水尺或水位测针进行人工测读,也可以采用具有自动化测量功能的量水堰进行观测。量水堰观测渗流量,其水尺的水位读数应精确至 1 mm,测量仪器的观测精度应与水尺测读一致。堰上水头两次观测值之差应不大于 1 mm,量水堰堰口高度与水尺、测量仪器零点应定期校测,每年至少校测一次。

模块十二

振动监测

量

测

一、速度计

(一)用途

速度计用于监测爆破、地震、动载等作用下质点的振动速度。

(二)结构形式与监测原理

速度计多为磁电式,也称摆式,它是通过摆带动线圈运动产生电流和电压对振动速度进行测量。从磁电式传感器的基本原理可知,其基本元件是磁路系统和线圈。磁路系统产生恒定的直流磁场,为了减小传感器的体积,一般都采用永久磁铁。线圈运动切割磁力线,产生感应电动势。运动部分可以是线圈,也可以是永久磁铁,只要二者之间存在相对运动就可以了。图 12-1 是磁电式速度计的结构原理图。在磁隙中安装了磁阻尼器(补偿线圈)。

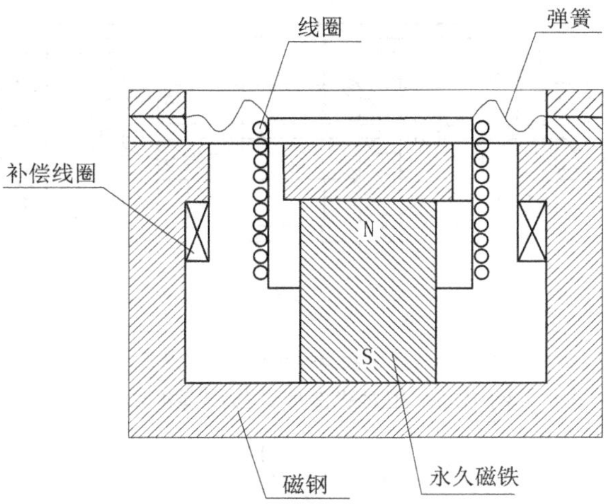

图 12-1　磁电式速度计的结构原理图

对绝对式速度计传感器(见图 12-2),使用时把它与被测物体固定在一起,当物体振动时传感器外壳随之振动,此时线圈、阻尼环和芯杆的整体由于惯性而不随之振动,因此它们与壳体产生相对运动,位于磁路气隙间的线圈就切割磁力线,于是线圈就产生正比于振动速度的感应电动势。该电动势由测振仪直接放大,可测量速度,经过积分或微分网络,也可用于测量位移或加速度。相对式速度计传感器(见图 12-3)的结构是可以把两个相对运动的物体的振动速度转换为电量。工作时,把外壳紧固于振动着的物体,而其顶杆顶着另一个振动物体,这样,两个物体之间的相对运动必然会导致磁路系统和线圈之间的相对运动,于是线圈切割磁力线,产生正比于振动速度的感应电动势。

将传感器中线圈产生的感应电动势通过电缆与电压放大器连接时,其等效电路如图 12-4 所示。图 12-4 中,e 是线圈的感应电动势;R_L 是负载电阻(含放大器输入电阻);C_c 是电缆的分布电容;R_c 是电缆导线的电阻。一般 R_c 比较小,可以忽略不计,故等效电路中的输出电压为:

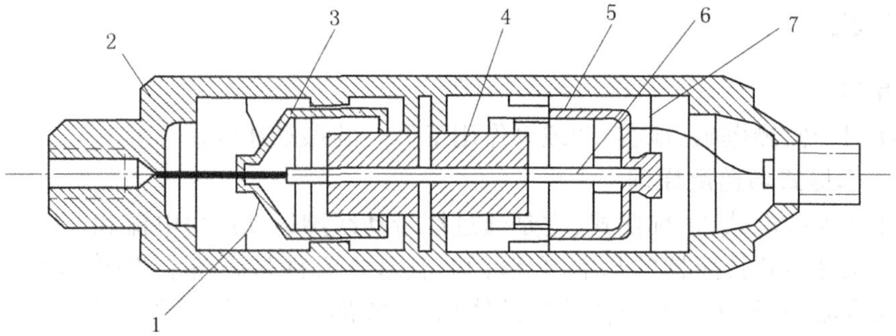

1—弹簧片;2—外壳;3—阻尼环;4—永久磁铁;5—线圈;6—芯杆;7—弹簧片。

图 12-2　绝对式速度计传感器结构图

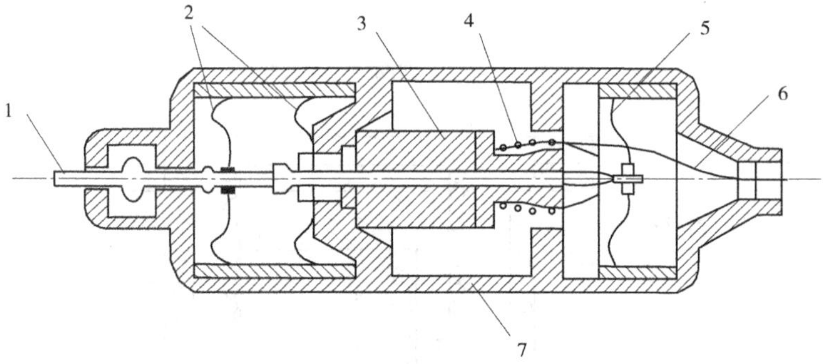

1—顶杆;2—弹簧片;3—永久磁铁;4—线圈;5—弹簧片;6—引线;7—外壳。

图 12-3　相对式速度计传感器结构图

$$U_L = e\frac{1}{1+\frac{Z_0}{R_L}+j\omega C_c Z_0} \tag{12-1}$$

如果所使用的电缆不是特别长,C_c 也可以忽略不计,并且如果有 $R_L \geqslant Z_0$,则有放大器输入电压 $U_L \approx e$。感应电动势经过放大、检波后,即可推动指示仪表得到速度值。如果经过微分或积分网络,可以得到加速度或位移。

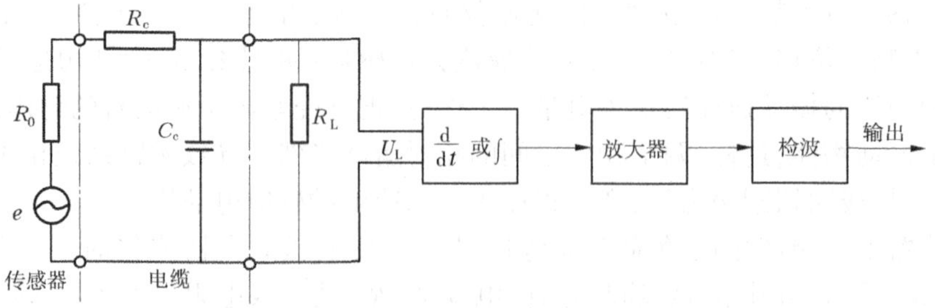

图 12-4　速度计传感器等效电路图

二、加速度计

(一)用途

加速度计用于监测爆破、地震、动载等作用下质点的运动加速度。

(二)结构形式与监测原理

加速度计的种类有很多,按检测质量的运动方式可分为线加速度计和摆式加速度计;按支承方式又可分为宝石支承、挠性支承、气体悬浮、液体悬浮、磁力支承和静电支承等;按检测方式是否需要将所测加速度由输出端再反馈到输入端可分为开环加速度计和闭环加速度计;按传感器的类型可分为压电式加速度计、电容式加速度计、半导体压阻式加速度计、电感式加速度计、电位器式加速度计等;按工作原理可分为弦式加速度计、静电式加速度计、摆式陀螺加速度计等。

线加速度计的力学模型是由惯性检测质量 m(也称为敏感质量)、支承弹簧、位移传感器、阻尼器和仪表外壳组成的[见图 12-5(a)]。惯性检测质量借助弹簧支承在壳体内,阻尼器一端也连接到壳体上。检测质量到支承的限制,只能沿敏感轴方向做线性位移。图 12-5(b)是加速度计感受加速度 a 时的状态。敏感质量的惯性力压缩弹簧,使之产生位移量 x。惯性力 ma 与弹簧的弹力 kx 大小相等、方向相反,故通过测量位移量 x,就可以得到加速度 a。

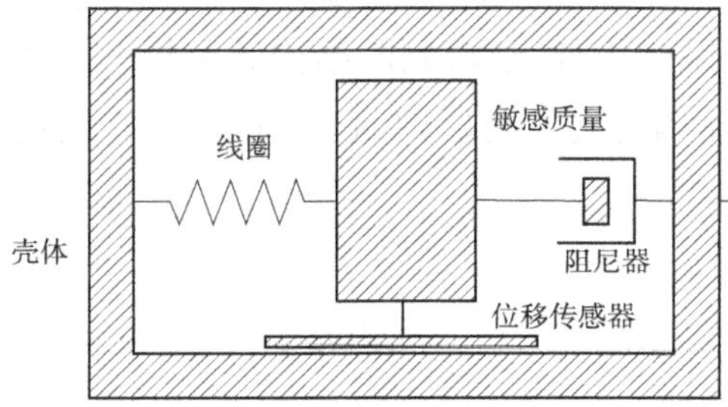

(a)力学模型

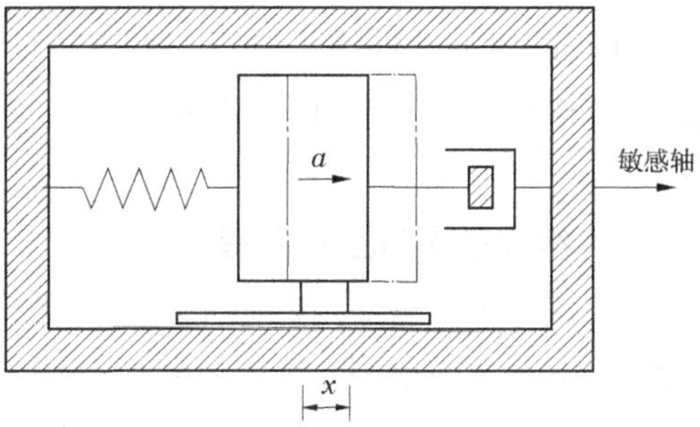

(b)运动状态

图 12-5 线加速度计结构图

摆式加速度计的基本结构中,它的检测质量做成摆锤,可绕支承轴转动。当运动物体有沿 x 轴负向加速度 a 时,检测质量摆受加速度引起的惯性力 $F=ma$,由于摆杆具有长度,故形成的惯性力矩 M_a,使摆锤偏离初始位置,并产生角位移 α,与此同时,转轴的转动使轴端弹簧变形而产生弹簧力矩 $M_s=K\alpha$(K 为弹性系数),M_s 与 M_a($M_a=mal\cos\alpha$,l 为摆锤长度)方向相反。又由于摆杆偏离 z 轴,重力 mg 形成与弹性力矩方向相同的 $mal\sin\alpha$ 力矩分量,摆锤达到力矩平衡时即达到稳态[见图 12-6]。用传感器将角位移转变为电信号,就可以测定加速度值。

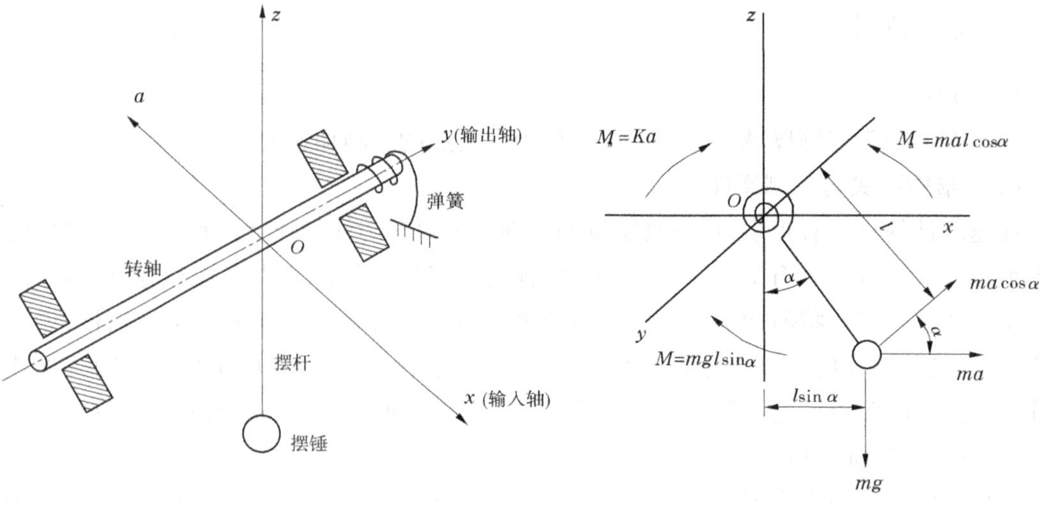

(a)力学模型　　(b)转轴平衡原理

图 12-6　摆式加速度计结构图

三、强震仪

(一)用途

强震仪主要用于大型结构(水坝、桥梁、高层建筑、核电厂等)震时地震记录以及平时健康诊断,配置的软件除可进行一般震动信号的记录分析外,还可判断结构健康状态。特别适合结构地震观测台阵使用,如水库大坝、大型桥梁、重要高层建筑、核电站等的地震观测。

(二)结构形式与监测原理

强震仪是记录强烈地震近地面运动的自动触发式地震仪。一般由拾震系统、记录系统、触发-起动系统、时标系统和电源系统五部分构成。拾震系统通常采用三个拾振器,一个测量竖向运动,另外两个测量互相垂直的水平向运动;记录系统是把拾震器相对于仪器底座的运动信号固定下来,可分为直接记录和非直接记录两种;触发-起动系统是强震仪中控制仪器启动和停止的一套装置;时标系统是为精确反映测点运动与时间关系的记录时间坐标装置,由一套周期脉冲信号系统提供;电源系统是保证整套仪器正常运转的能源,一般由直流电源提供。强震仪种类很多,按记录物理量可分为强震位移仪、强震速度仪和强震加速度仪;按记录方式可分为直接记录式(机械记录式和光记录式)、电流记录式、磁带记录式(模拟磁带记录式和数字磁带记录式);按记录线道数可分为三分量强震仪和多道(中心记录)强震仪。强震仪类型见图 12-7、图 12-8。

拾振器是接收地震讯号的装置,除直接记录的拾振器外,一般的拾振器是把地面运动的机械能转换为电能,而后输送给记录装置把地面运动记录下来。拾振器主要由摆、弹簧元件、阻尼器和换能器组成。

图 12-7　REF TEK130 强震仪

图 12-8　GDQJ2 强震仪

四、脉动压力计

(一)用途

脉动压力计是用来对水流产生的动水压强进行监测的仪器,既可进行时均压力测量,又可进行脉动压力测量,尤其是可做非稳定水力过程的动水压力过程线测量。脉动压力计一般安装于预埋在过流面的底座上,通过预埋的电缆线将所测信号传至观测站。由压力传感器接收的信号经放大、适当滤波送入计算机采集系统,进行采样监测。

(二)结构形式与工作原理

水力学监测涉及的脉动压力计常见的形式按工作原理分类一般分为电容式、压电式、压阻式和谐振式四种。

电容式压力传感器采用变电容测量原理,将由被测压力引起的弹性元件的位移变形转变为电容的变化,用测量电容的方法测出电容量,便可知道被测压力的大小。

压电式压力传感器是利用压电材料的压电效应将被测压力转换为电信号,由压电材料制成的压电元件受到压力作用时产生的电荷量与作用力之间呈线性关系来测量压力。其特点是体积小、结构简单、工作可靠,测量范围宽,测量精度较高,频率响应高,但由于压电元件存在电荷泄漏,故不适宜测量缓慢变化的压力和静态压力。

压阻式压力传感器是基于半导体材料(单晶硅)的压阻效应原理制成的传感器,它是利用集成电路工艺直接在硅平膜片上按一定晶向制成扩散压敏电阻,当硅膜片受压时,膜片的变形将使扩散电阻的阻值发生变化。硅膜片上的扩散电阻通常构成桥式测量电路,相对的桥臂电阻是对称布置的,电阻变化时,电桥输出电压与膜片所受压力呈对应关系。压阻式压力传感器的特点是灵敏度高、频率响应高;测量范围宽,可测低至 10 Pa 的微压到高至 60 MPa 的高压;精度高,工作可靠,其精度可达±(0.2%~0.02%);易于微小型化,目前国内可生产出直径 1.8~2 mm 的压阻式压力传感器。

谐振式压力传感器是靠被测压力所形成的应力改变弹性元件的谐振频率,通过测量频率信号的变化来检测压力,多用于气体压力监测。

目前水利工程上多用压阻式脉动压力计,一般又根据放大电路的放置方式分为压阻式压力传感器或压阻式压力变送器。

五、水听器

（一）用途

水听器是目前通过水下噪声获取空化信息的常用仪器，它是一种利用压电效应制作的声电换能器。水听器安装在预埋底座上，通过预埋的电缆将水声信号传至观测站；水听器带有前置放大器，监测时须提供专门电源、由高频率大容量采集系统进行信号的采集和分析。

（二）结构形式与监测原理

水听器采用对温度和压力变化性能较稳定的 PZT 压电陶瓷作为灵敏元件，利用其压电机制，将声信号转换成电信号。水听器采用了特殊结构和专门材料的声障板，减小了接收范围内混凝土和金属结构的不良影响；采用的前置放大器，具有高输入阻抗、低输出阻抗，使得水听器接收到的信号能远距离传输。

水听器一般由外壳、吸声材料、压电敏感元件、位于压电敏感元件两侧的内电极和外电极以及信号处理电路组成，可分为平面形、柱形和球形等形式，以适应不同的接收需要。平面形水听器接收其安装平面法线为轴线、具有一定开角的近似锥体范围内的水下噪声信号；柱形水听器可接收其感应元件安装平面（实际也有一个较小开角）内的水下噪声信号；球形水听器从理论上可接收其安装点周围一定范围内三维空间的水下噪声信号。对于水工建筑物水流空化的监测，由于不允许在过流面上设置突起物或在水流中设置绕流物，故一般将水听器与过流表面齐平安装，或加保护罩后在低流速水环境中垂吊（如在船闸门井内）。

模块十三

监测自动化

量

测

思维导图

- 安全监测自动化概述
- 安全监测自动化系统的总体结构
- 数据采集装置

任务一 安全监测自动化概述

一、实现安全监测自动化的重要性及必要性

安全监测系统是监视水工建筑物安全的耳目，通过日常的监测和分析，掌握水工建筑物的工作性态，当水工建筑物遇到洪水、水库高水位、地震等情况时，为在确保建筑物安全的前提下，充分发挥工程在防洪、发电以及航运等方面的综合效益，就需要得到工程实时监测资料的快速反馈，使管理人员能及时掌握工程的安全性态，以便其能做出科学的决策和调度。

在这种情况下，传统的人工观测显然无法提供大量有效的数据供分析和决策，从而难以满足对工程实时监测和快速反馈的要求。因而，建立高效的自动化监测系统，实现监测数据的实时采集、传输、分析和反馈，是完全必要的。

特别是在水利水电建设快速发展的今天，水工枢纽建筑物规模和难度越来越大，安全监测的测点越来越多，监测系统十分庞大且分散，用人工观测已很难应付日常的安全监测工作，更不用说进行实时监测和快速反馈，因此实现安全监测自动化显得更为紧迫。

（一）适应现代化工程运行管理的需要

随着计算机技术的深入发展，各级政府、各大中型企业和工程管理部门基本上实现了办公自动化和管理自动化，如果工程安全监测继续延续人工监测和手工录入数据库的方式，势必制约工程运行管理单位的工作效率。安全监测自动化系统实现了安全信息的自动采集、自动传输、自动存储、自动化管理，有关人员通过网络可及时了解大坝安全信息，真正实现远程管理与现场检查相结合的现代化工程运行管理模式，使管理上了一个新台阶。

（二）满足工程安全监测快速反馈的需要

为了及时掌握建筑物的安全性态，要求工程安全监测系统能够及时、准确、完整同步采集工程建设、运行各个阶段建筑物的状态信息和关联信息。

（1）及时性要求是指按照相关规范要求及时采集数据，及时分析判断采集到的数据，及时整理保存数据，及时发现和报告异常信息。

由于工程安全监测传感器数据量大，传感器或者传感器电缆汇集处交通条件差，人工采集数据的工作量大，如果遇到紧急情况需要及时采集数据，人工采集系统将难以满足需要。

（2）准确性要求是指在数据采集的同时，对异常数据进行校核验证，保证采集数据的准确性。

人工采集数据时，在测量和数据录入过程都可能由于操作人员的疏忽而导致人为误

差，人为误差是一种随机性误差，很难使用软件方法校正和剔除，因此人工数据采集方式难以保障准确性要求。

(3)完整性要求是指保证设计施工运行全过程的资料完整性，保证传感器相关参数的完整性，保证每次监测资料的完整性。

在资料分析过程中，需要用到被监测的建筑物各个阶段和各个方面的数据，如结构图纸、环境信息、监测数据、传感器的原始参数等，纸质方式保存和管理数据，不利于数据检索和处理。

(三)降低工程运行管理成本

工程安全监测对象的变化非常缓慢，这就意味着监测数据不需要连续进行，两次监测间隔的时间较长，但是要求每一次监测工作尽可能在较短的时间内完成，这样的要求给监测技术人员的配置带来了困难，如果安排的人数较多，工作量不饱满，导致工程运行管理成本上升；如果安排的人数较少，在工程度汛期间或者发生地质灾害时，满足不了监测过程的技术要求。

监测工作是一项专业性极强的工作，它涉及多个工程学科，需要专门的技术人员来从事这项工作，如果每个工程都配备大量的监测技术人员，客观上难以实现，采用监测自动化系统后，既可提高监测质量，又可适当减少监测人员，降低运行单位的管理成本。

(四)提高信息交流速度，有利于开展会商专家在线咨询

现代工程运行管理过程中，不可避免地与外界交换数据和信息，如技术顾问远程咨询，设备生产厂家远程帮助，企业管理者远程指挥等。工程安全监测自动化系统可有效提高相关信息交流速度，有利于开展各种在线咨询及技术服务等工作。

二、设计依据和原则

(一)设计依据

1. 规程规范

(1)《大坝安全监测自动采集装置》(DL/T 1134—2022)。

(2)《混凝土坝安全监测技术规范》(SL 601—2013)。

(3)《混凝土坝安全监测资料整编规程》(DL/T 5209—2020)。

(4)《土石坝安全监测技术规范》(SL 551—2012)。

(5)《大坝安全自动监测系统设备基本技术条件》(SL 268—2001)。

(6)水工建筑物设计规范中有关安全监测的条款。

2. 工程基本资料

(1)工程的水工结构设计计算和科研试验资料。

(2)安全监测设计文件、审批意见和合同要求。

(3)现场有关监测实施文件。

(二)设计原则

1. 整体规划,统一平台

水利水电工程安全监测涉及的监测项目、测点数量以传感器的类型较多,且分布在整个枢纽的各建筑物中,因此必须进行整体规划,制定统一的软、硬件平台,以保证系统的完整和统一。

2. 抓住重点,兼顾全面

自动化监测系统的总体规模及布置一般应根据监测项目设置、测点数量、仪器种类以及相应的布置情况来确定。纳入自动化监测系统的测点,以满足监测工程安全工作性态为主,抓住对建筑物安全起控制性作用的关键部位的项目和测点,并确保这些项目和测点能长期可靠地对建筑物进行实时监测。对未接入自动化系统或自成系统的监测项目,其监测的数据应能方便地输入或导入监测信息管理系统。

3. 技术先进,稳定可靠

保证自动化系统长期稳定可靠运行是实现对建筑物进行安全监测的重要前提,否则测量数据的可信度会降低,因此在满足观测精度和可靠性的前提下,采用先进、成熟的自动化监测系统是十分必要的。为保证在任何情况下都不会发生长时间的数据中断,对关键部位的监测必须留有人工监测的接口。

4. 开放性

监测自动化系统应具备良好的开放性,应便于系统功能的修改、增加、删除、扩充和完善。

5. 实时性

建立高效的自动化监测系统,实现监测数据的实时采集、传输、分析和反馈,及时掌握建筑物工作状态,以便运行管理做出科学决策和调度。

6. 实用性

应从各个工程实际出发,以满足相应工程安全监测数据采集、处理、报表制作、信息报送以及不同建筑物工作状态评价的不同要求。

7. 安全性

监测自动化系统应具有完善的安全保密、安全控制和安全管理的功能。

8. 分步实施,逐步完善

在安全监测系统规模庞大的情况下,可以采取分步实施,由小到大,最终形成统一的系统。

9. 性能价格比高

高的性能价格比是确定选用自动化系统的重要因素,在技术先进、稳定可靠的前提下,选用经济合理的产品。

任务二　安全监测自动化系统的总体结构

一、安全监测自动化系统的类型

经多年的研制、开发和应用，监测自动化系统的结构布置已形成了三大基本形式：集中式监测系统、分布式监测系统和混合式监测系统。应根据工程大小、测点多少选定合适的系统结构形式。

(一)集中式监测系统

集中式监测系统是将自动化监测仪器通过安装在现场的切换单元或直接连接到安放在监测主机附近的自动采集装置的一端进行集中观测，如图 13-1 所示。

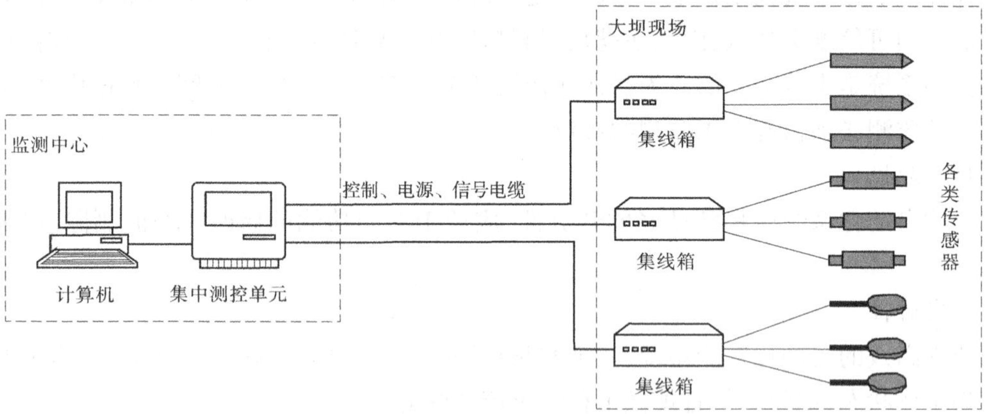

图 13-1　集中式监测系统结构示意图

集中式监测系统的结构简单，系统重复部件少；高技术设备都集中在机房内，工作环境好；便于管理。但系统共用一台自动采集装置，一旦自动采集装置发生故障，所连接的监测仪器都无法测量，造成整个系统瘫痪，系统风险过分集中；另外，由于控制电缆和信号电缆都较长，所传输的又都是模拟信号，极易受到外界干扰。因此，集中式监测系统存在可靠性不高，测值准确性差，测量时间长，专用电缆用量大，不易扩展等不足。

(二)分布式监测系统

分布式监测系统由自动化监测仪器、数据自动采集单元和监测主机组成，如图 13-2 所示。其中数据自动采集单元布设在现场，各类自动化监测仪器通过专用电缆就近接入采集单元，由采集单元按照采集程序进行数据采集、A/D 转换、存储并通过数据通信网络发送至监控中心主机做深入分析和处理。

对于监测范围广、测点数量多、工程规模巨大或有主、副坝，以及总厂、分厂的水利水电枢纽，宜采用二级管理方案。根据枢纽结构的特点，以建筑物或工程为基本单元，将枢纽划分为若干监测子系统；由各子系统再组成上一级管理网络，并对各子系统现场网络进

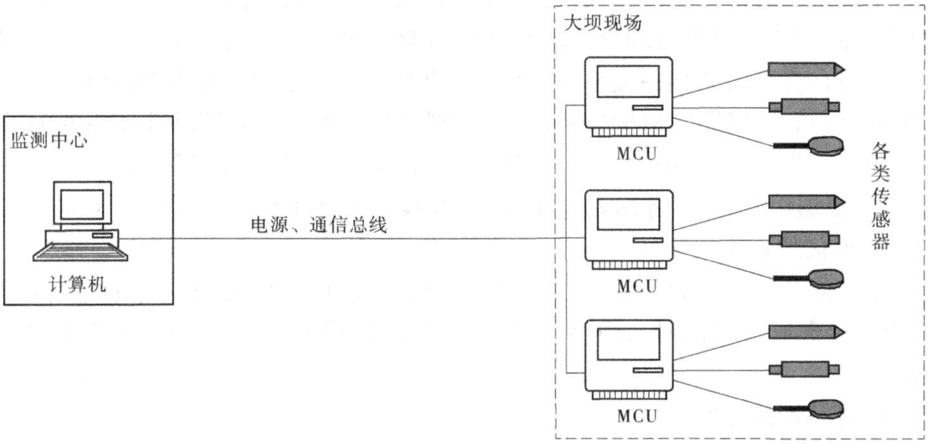

图 13-2　分布式监测系统示意图

行管理。

分布式监测系统与集中式监测系统相比,有以下优点:

(1)可靠性高。因为采集单元分散了,如果发生故障,只影响这台采集单元上所接入的自动化监测仪器,不会使整个系统停止测量,系统的风险分散,可靠性增加。

(2)抗干扰能力强。分布式监测系统的数据通信网络上传输的是数据信号,不同于集中式监测系统专用电缆上传输的模拟信号,不受外界干扰。

(3)采集时间短。由于分布式监测系统由多台采集单元同时进行数据采集,系统数据采集速度比集中式单台采集单元快,采集时间短。

(4)便于系统扩展。增加采集单元及进行相应系统配置后,就可在不影响系统正常运行情况下将更多的自动化监测仪器接入。

(三)混合式监测系统

混合式监测系统是介于集中式和分布式之间的一种采集方式,又称集散式监测系统。它具有分布式布置的外形,但采用集中方式进行采集。设置在仪器附近的遥控转换箱类似测控单元(MCU),汇集其周围的仪器信号,但不具有测控单元(MCU)的 A/D 转换和数据暂存功能,故其结构比 MCU 简单。转换箱仅是将仪器的模拟信号汇集于一条总线之中,然后传到监控室进行集中采集和 A/D 转换,再将数据输入计算机进行存储和处理。

混合式转换箱结构简单,维修方便,系统造价低,但系统风险大,测值准确性低。

20 世纪 70 年代中期及以前自动化采集系统为集中式的采集系统,以后的系统逐渐发展了分布式自动化监测系统,下文叙述的总体结构主要针对后者。

二、安全监测自动化系统的总体结构

安全监测自动化系统总体由以下 4 部分组成。

(一)监测仪器系统

监测仪器系统由分布在各个建筑物的监测仪器组成,包括环境量监测仪器、变形监测仪器、渗压及渗流监测仪器、应力应变及温度监测仪器等。

监测仪器系统的特点是监测仪器分散,它们之间各自独立,相互之间基本不存在什么联系,但从监测点的布置来看却是系统整体的有机联系体。系统中成千上万个测点测量到的信息之间有着密切的相关关系,这种关系的实质表示了水工建筑物的安全因素。接入自动化系统的监测仪器应以构筑物的强度、刚度稳定等安全起控制性作用的关键断面、控制断面的测点为主,并考虑其他不利条件、结构物特别复杂等不利因素。自动化系统的最终规模,应根据工程环境、建筑物规模、特点及技术经济条件等因素综合考虑。

(二)自动化数据采集系统

自动化数据采集系统的主要装置是测控单元,它在计算机网络支持下通过自动采集和 A/D 转换对现场模拟信号或数字信号进行采集、转换和存储,并通过计算机网络系统进行传输。

(三)计算机网络系统

计算机网络系统包括计算机系统及内外通信网络系统,可以是单个监测站,也可分为中心站和监测分站,站中配有计算机及其附属设备,计算机配置专用的采集及通信管理软件,其主要功能是在计算机与测控单元之间形成双面通信,上传存储数据、指令下达以及进行物理量计算等。

(四)安全监测信息管理系统

安全监测信息管理系统主要功能是对所有观测数据、文件、设计和施工资料以数据库为基础进行管理、整编及综合分析,形成各种通用报表,并对安全情况进行初步分析和报警,并与相关系统进行数据交换、共享和信息发布。

三、安全监测自动化系统的功能

目前,国内外安全监测自动化系统一般都具有以下几方面的功能。

(一)采集功能

采集功能包括对各类传感器的数据采集功能和信号越限报警功能;采集系统的运行方式可分为:

(1)中央控制方式(应答式)。由后方监控管理中心监控主机(工控)或联网计算机命令所有 MCU 同时巡测或指定单台单点测量(选测),测量完毕将数据存于计算机中。

(2)自动控制方式(自报式)。由各台 MCU 自动按设定时间进行巡测、存储,并将所测数据按监控主机的要求送到后方监控管理中心的监控主机。

(3)监测数据的采集方式为:每台 MCU 均具备常规巡测、检查巡测、定时巡测、常规选测、检查选测、人工测量等功能。

(二)显示功能

显示功能显示建筑物及监测系统的总貌、各监测子系统概貌、监测布置图、数据过程曲线、监控图、报警状态显示窗口等。

(三)操作功能

在现场监控主机或管理计算机上可实现监视操作、输入/输出、显示打印、报告现在测值状态、调用历史数据、评估运行状态;根据程序执行状况或系统工作状况发出相应的音响;整个系统的运行管理(包括系统调度、过程信息文件的形成、进库、通信等一系列管理功能,利用键盘调度各级显示画面及修改相应的参数等);修改系统配置、系统测试、系统维护等。

(四)数据检验功能

监测子站和数据采集单元应具有如下的数据检验功能:

(1)测值自校。在数据采集单元内具有自校设备,以保证测量精确度。

(2)超差自检。可以输入并储存检验标准,对每一监测仪器的每次测值自动进行检验,超过检验标准的数据能自动加以标记并显示报警信息以及通过 Internet 的信息发布。

(五)数据通信功能

数据通信功能包括现场级和管理级的数据通信,现场级通信为测控单元 DAU 之间或 DAU 与监控管理中心监控主机之间的双向数据通信;管理级通信为监控管理中心内部及其同上级主管部门计算机之间的双向数据通信。

(六)数据管理功能

经换算的数据自动存入数据库,可供浏览、插入、删除、查询及转存等,并具有绘制过程线、分布线、相关线和进行一定分析处理的能力。

(七)综合信息管理功能

可实现在线监测、大坝性态的离线分析、预测预报、图表制作、图文资料、数据库管理及安全评估等。

(八)硬件自检功能

系统具有硬件自检功能,能在管理主机上显示故障部位及类型,为及时维修提供方便。

(九)人工接口功能

自动化监测系统备有与便携式检测仪表的接口,能够使用便携式监测仪表采集监测数据,并送入监测系统,可防止资料中断。

四、安全监测自动化系统的性能

(一)可靠性

(1)系统中平均单台设备的故障率不超过年运行次数和的 2%(计算方法为按规定的年采集次数中,所有因设备故障不能采集的次数与全年所有设备应采集总次数之比)。

(2)系统平均无故障工作时间(MTBF)监测子站不小于 6 300 h,MCU 不小于 20 000 h。

(3)系统的全年自动化平均数据采集故障率小于 2%(计算方法:按规定的年采集次数中,数据采集单元全年因设备故障未能自动采集到的数据个数之和与全年应采集数之比值)。

(4)数据采集系统及设备能适应现场工作环境,具有足够高的抗干扰性能,能长期可靠稳定地运行。能适应恶劣的工作环境,环境温度-10~+60 ℃,环境湿度 98%。

(5)系统具备耐久性,系统中各台设备和电缆应能稳定工作 10 年。

(二)准确度

各种监测项目的监测准确度高于或满足《混凝土坝安全监测技术规范》(SL 601—

2013)、《土石坝安全监测技术规范》(SL 551—2012)等有关规程规范的要求。

(三)兼容性

数据采集单元应能接入所在位置埋设的所有类型的传感器,数值全部变换为标准数字量输出,并能手工录入,人工测读数据。

(四)防雷性能

数据采集系统具备防雷和抗干扰措施,能保证系统在雷电感应和电源波动情况下正常工作。

防雷电感应>1 500 W。

(五)易维修性

平均修复时间(MTTR)不大于72 h(包括维修响应时间)。

(六)可扩展性

系统应具有优良的可扩展性和扩展灵活性,系统扩展时对原有数据采集网络无重大影响。

(七)安全性

系统在任何手动或自动操作、信息传输通信以及硬件、软件和固件等方面都设置较严密的安全性措施。

(八)响应性

具有快速巡检能力,巡检1次时间不大于20 min,同时具有快速反馈构筑物的工作结构性态。

任务三 数据采集装置

数据采集装置又称测控单元(MCU),通过电缆、光纤或无线连接到各个传感器,并量测、放大、测量调整比例,处理、A/D转换、显示及存储传感器信号。它主要由采集模块、A/D模块、防雷模块、电源模块、蓄电池、通信接口及机箱等部件组成。

安全监测自动化系统中数据采集装置数量的多少,布置的部位,应根据工程具体情况,结合所选采集装置的要求确定。而且应以采集装置性能好、管理方便、性价比高的原则,对采集装置性能、数量和布置位置进行优选。

一、数据采集装置的主要技术指标及要求

(1)通信接口:RS485、RS232、CANBUS、Lonworks、USB或其中部分接口。

(2)应能接入大坝变形、渗流、应力应变、温度、环境量等监测仪器,仪器型号包括差动电阻式、振弦式、电容式、电位器式、光电式、标准量或数字信号等。

(3)8~32个通道、8~40个通道、10~30个通道。

(4)环境要求。

温度:一般条件,-10~50 ℃;特殊条件,-25~70 ℃。

相对湿度：≤95%（40 ℃）。

大气压力：53~106 kPa。

（5）数据传输：1 200~9 600 bps。

（6）无故障工作时间：MTBF≥6 300 h，采样时间≤2~5 s/点。

（7）完成 1 次巡检时间≤20 min。

（8）具有人工测量接口，人工测量仪器应独立于自动数据采集装置，通过电缆直接与监测仪器连接，以方便人工比测或在采集装置发生故障时人工测读数据。

二、采样模块的类型及特性

（一）差阻式数据采集模块

差阻式数据采集模块主要参数如下：

（1）测点容量：一般为 8~16 个通道，有些采用 10~30 个通道。

（2）测量范围：电阻比 0.800 0~1.200，电阻值 40~120 Ω。

（3）测量精度：电阻值≤0.02 Ω，电阻比≤0.000 2。

（4）分辨率：电阻值为 0.01 Ω，电阻比为 0.000 1。

（5）测量时间：每个通道 3~5 s。

（二）振弦式数据采集模块

振弦式数据采集模块主要参数如下：

（1）测点容量：8~32 个通道。

（2）测量范围：频率 400~5 000 Hz，温度-20~+80 ℃。

（3）测量精度：频率≤0.2 Hz，温度≤0.5 ℃。

（4）分辨率：频率 0.1Hz，温度 0.1 ℃。

（5）测量时间：每个通道 3~5 s。

（三）电容式数据采集模块

电容式数据采集模块主要参数如下：

（1）测点容量：8~32 个通道。

（2）测量范围：匹配传感器。

（3）测量精度：0.1%F.S±传感器精度。

（4）分辨率：≤0.05%F.S。

（5）测量时间：每个通道 3~5 s。

（四）电感式数据采集模块

电感式数据采集模块主要参数如下：

（1）测点容量：8 个通道。

（2）测量范围：10~99 kHz。

（3）测量精度：≤ 2 Hz。

（4）分辨率：1 Hz。

（5）测量时间：每个通道 3~5 s。

(五)电位器式数据采集模块

电位器式数据采集模块主要参数如下：

(1)测点容量：8~32个通道。

(2)测量范围：0.000 1~1.000 0。

(3)测量时间：每个通道3~5 s。

(4)基本误差：0.05%F.S。

(5)分辨率：0.01%F.S。

(六)标准量仪器数据采集模块

标准量仪器数据采集模块主要技术参数如下(主要采集固定测斜仪和压阻式)：

(1)测点容量：8~32个通道、20~60个通道。

(2)测量范围：0~20.000 mA，-5.000~+5.000 V，-10.000~+10.000 V。

(3)测量精度：0.05%F.S。

(4)分辨率：≤0.01%F.S。

(5)测量时间：每个通道3~5 s。

(七)智能型传感器数据采集模块

智能型传感器数据采集模块主要技术参数如下：

(1)测点容量：8~32个通道。

(2)测量范围：匹配智能传感器。

(3)测量精度：0.05%F.S。

(4)分辨率：0.01%F.S。

(5)测量时间：每个通道3~5 s。

(八)环境量传感器数据采集模块

环境量传感器数据采集模块主要技术取决于所采用的传感器类型。

三、采集装置的功能特点及配置

目前，国内使用的采集装置主要有DAMS-Ⅳ型采集系统、DG-2000系统、FWC2010数据采集系统、LN1018-Ⅱ测量单元、BGK-micro-40测量单元、澳大利亚Datataker系统。这些采集装置配置及结构各不相同，有的采集装置中每个模块均有独立的CPU时钟、通信功能，例如DAMS-Ⅳ型和DG型数据采集系统，有的厂家采集单元中有1块主模块，该模块具有智能装置模块，是自动化采集装置的核心设备，其余模块为扩展模块，与其配套使用。各个厂家具有相同的基本功能，又有各自的特点。

(一)基本功能特点

1. 电源及功率

电源应能采用220 V交流电、太阳能蓄电池、自备电池等多种形式，一般要求在断电情况下将自动借用蓄电池能工作7 d(视采集密度而变化)。

2. 通信协议及通信介质

DAU与外界的数据通信协议基本上都是RS-485，通信速率与距离成反比，1 km以内为9 600 bps，也有用CANBUS总线协议，有些单位也在开发LONWORKS总线协议。

常用的通信介质有双绞线、电话线,传输距离较远时采用光纤,个别受地理条件限制无法敷设电缆的采用无线通信,有的还能支持以太网接口、USB/PSTA/GPRS/COMS 等通信方式。

3. 测量方式

测量方式均可定时、间断、单检、巡检或任设测点群。

4. 操作系统

操作系统均兼容 Windows 2000/XP 及其以上版本。

5. 工作环境

工作环境:温度-10~50 ℃,湿度≤95%Rh。

6. 防雷防干扰要求

采集装置一般要求要电源系统、通信系统及传感器测量单元上都设有防雷模块,所有进线均内置防过载电压、过电流等多重保护,防护标准功率为 500~1 500 W。

采集装置还应有防潮、抗震及防强电磁干扰,应能通过抗干扰试验强度。

7. 控制与报警功能

能在采集计算机上显示故障部分及类型,为及时维修提供方便,能对监测数据进行自动检验类别,对照测量超限显示偏高时能自动报警。

(二)国内外主要厂家采集装置的配置

1. DAMS-Ⅳ型采集系统

每个数据采集单元(DAU)可接 1~3 个模块,每个模块均有独立的 CPU、时钟、通信等功能,每个模块可接 8~16 个仪器,对于电介液式和光电式仪器,一般可接 4~8 个仪器,每个模块只能测量 1 种形式的传感器。

2. DG-2000 系统

每个数据采集单元称作 MCU,每个 MCU 可接 1~3 个模块数,每个模块具有独立的 CPU、时钟、通信、数据存储等功能,每个模块可接 16 个差动式、振弦式仪器,对于特殊型仪器,则视其种类选择,有的模块可混接不同类型的传感器。

3. BGK-micro-40 测量单元

采集装置又称测量单元,1 个测量单元最多可接 5 个模块,每个模块接 8 支仪器,1 个测量单元最多接 40 个仪器,1 个测量单元中至少有 1 个是 VR 测量模块,VR 测量模块具有独立的 CPU、时钟、通信、A/D 转换等功能,其他可带 1~4 个 CH 扩展模块,VR 测量模块为混合式测量模块,任意通道均可测量振弦式、差阻式、电阻应变式仪器,通过专用的功能扩展转换器,还可接入标准信号传感器。

4. LN1018-Ⅱ测量单元

采集装置又称测量单元,分别测量差动式仪器(20~60 个通道可选)、标准信号测量单元(20~60 个通道可选)、弦式仪器测量单元(8~16 个通道可选)、标准数字测量单元(32 个通道),1 个测量单元有独立的 CPU、时钟、通信等功能,每个测量单元只能接 1 种类型仪器。

5. FWC2010 数据采集系统

该厂测量装置称作测量单元,1 个测量单元具有独立的 CPU、时钟、通信等功能,1 个测量单元可接 8~40 个仪器,其中可包含 1 个 8 通道的 AMU-8 测量模块(可接 8 支仪器)和 1~2 个 AMU-16 型的扩展模块(可接 16 支仪器),扩展模块必须与测量模块配套使用,测量单元中有 8 个通道专门作为智能式仪器的测量,如光电式垂线坐标仪,每种模块只能接同一类仪器。

6. 澳大利亚 Datataker 系统

Datataker 的采集装置数据采集仪,它分为两类:一类编号为 DT85G、DT80G 智能模块,它具有独立的 CPU、时钟、通信接口,可接振弦式或信号仪器 5~16 个,标准数字信号通道 8 个,还有数字控制输出信号用来控制自动操作信号;另一类编号为 CEM20 扩展模块,它可混接 20 个模拟信号仪器,它必须与智能模块连接才能使用,每个智能模块可接 1~15 个扩展模块。

模块十四

监测资料整编

量测

一、一般要求

监测资料整理、整编是指将工程安全监测的竣工图、各种原始数据和有关文字、图表(含影像、图片)等资料,经过收集、统计、考证、审查、综合整理成监测成果,并汇编刊印成册和在计算机磁光载体内存储。

监测资料整理、整编工作包括日常整理和定期整编。监测资料日常整理是每次仪器监测后应进行的一种经常性工作,工作内容包括查证原始监测数据的可靠性和准确性,将其换算成所需的监测物理量,及时存入计算机,并判断测值有无异常,对异常或疑点及时复测、确认,监测成果绘图和监测成果统计等。监测资料定期整编的工作内容包括仪器监测资料、巡视检查资料和有关监测设施变动或检验、校测等资料的收集、填表、绘图、初步分析和编印等。

(1)监测资料应及时整理、整编与初步分析。当监测资料出现异常时,应及时分析原因并按程序进行处理。

(2)监测数据应使用标准记录表格,认真记录、填写,错误处应由记录人员使用杠改法修改并盖姓名章,原始数据记录不得损坏和遗失。

(3)监测资料整理成果应做到项目齐全、考证清楚、数据可靠、方法合理、图表完整、规格统一、说明完备。

(4)原则上每年第一季度应将上一年度的监测资料整编完毕。

二、监测数据检验

(1)作业方法是否符合规定。

(2)观测记录是否正确、完整、清晰。

(3)各项检验结果是否在限差以内。

(4)是否存在粗差、系统误差。

(5)监测仪器性能是否稳定、正常。

粗差通常是由于观测人员的疏忽而产生的错误,如仪器操作错误(仪器不匹配、档位不对等)、记录错误、录入错误(小数点串位、多或漏数字)、计算错误、正负号弄反等。得到观测成果后,经分析存在粗差的测值一般应舍去不用,因计算错误而被发现的,可恢复正确测值再使用。

可采用仪器读数范围或可能值进行检验。监测仪器中有些仪器有明确的频模读数范围,超过此范围的测值为错误值。以温度测值为例,各类仪器的温度测值范围为-30~70 ℃,但还需使用可能值(或经验值)检验,如安装埋设在地面线以下的测点温度一般时段在0 ℃以上,而渡槽混凝土内测点最低温度不会低于-20 ℃等。实测温度若明显偏离正常范围即为错误值。

系统误差是由于观测设备、仪器、操作方法不完善或外界条件变化所引起的一种有规律的误差。如观测仪表不准引起的测量误差,仪器内部钢弦两端焊点松动引起的示值误差等。通常系统误差对多个测点或多次测值都发生影响,影响值及正负号有一定规律。如垂直位移观测中检查出各测点高程都有一个相同的异常升高或下降值时,可能是工作基点发生了沉陷或拱起。渠堤内部分层沉降观测中检查出同一测孔内各测点沉降都有一个相同的异常增大或减小时，可能是观测时更换了仪表或测尺发生了弯折、拉伸变化。得到观测成果后，经分析存在系统误差应加以改后正方能使用。对于应变计组，还可以利用点应变平衡原理进行系统误差检验。此种系统误差不一定是仪器本身造成的，而可能是在埋设安装时，成组仪器偏离规定的角度，或仪器编号弄错，因此在处理时必须采取相应的方法予以更正。

对于工作状态综合评价结论为基本正常或正常的监测仪器，当多次测值始终都在误差范围内变动时，可认为测值未发生变化或其变化被误差所掩盖；当此种变动超过误差范围时，认为测值有变化。此时应进一步从内因（结构因素）和外因（荷载条件、环境量）的变化来考察测值发生变动的原因、规律性，并判断测值是否异常。

三、监测物理量计算

进行监测物理量计算前应对监测数据进行检查、检验。监测物理量计算应符合以下规定：

（1）应及时将检验合格的原始数据换算成监测物理量。

（2）各类监测仪器设施的基准值应与施工期确定的基准值保持一致，一般不得随意更改。

（3）采用的计算公式要正确反映物理关系。各物理量计算公式应采用出厂合格证上的公式。

（4）计算参数选取，在仪器经率定检验合格时，应使用仪器出厂检测证书上给定的参数。

（5）计算物理量正负符号的定义应符合规定的要求，有效数字应与仪器读数精度相匹配，且前后一致、不任意增减。

（6）人工采集的监测数据录入监测自动化系统后，现地管理处应按照系统操作手册中的步骤进行监测数据整编校核。

四、监测成果绘图

监测成果绘图应符合以下规定：

（1）应绘制每个观测项目每个测点的监测物理量随时间变化的过程线图。每批效应量过程线图宜配有主要原因量的过程线。当同一项目在邻近或相关联的范围内有多个测点时，宜绘制同一时间物理量的分布线图或等值线图，亦可绘制同一时段内物理量的特征值分布线图或等值线图。当效应量与某一原因量有较明显的相关关系时，宜绘制它们之间的相关图。

（2）成果图应表达清楚、含义明了。图上的标注要齐全。图号、图名、坐标名称、单位及标尺（刻度）都应在图上适宜位置标注清楚，必要时附以图例或图注。当一幅图上点据不甚多时，宜尽量将各点据用符号表示在图上。坐标的分度应使图中对象能清楚地表达，坐标值的范围应覆盖物理量的全部变幅并略有余地，给出的曲线或点据群应大体在纵横两向均占满图幅而不偏于一隅。相关曲线应大体与横坐标成30°～60°角。当一幅图上有多根曲线时，宜用不同线型将各线加以区分。

(3) 监测成果图的绘制方法。

①过程线。过程线是物理量与时间的关系，以时间为水平坐标，以物理量(例如位移、应力等)为纵坐标。为了解更多信息，可把有关的物理量的过程线放在同一图中，有时把影响所绘物理量变化的其他物理量用相同的时间尺度绘在这个图的上方或下方，以便比较分析。影响因素有温度、降雨、施工加荷、开挖卸荷、地下水位等。在绘制直接观测值过程线的同时，绘制有实际意义的导出量过程线。例如，相对位移及位移变化速率等。

②分布(线)图。分布图主要是物理量沿某一特定方向(线)的分布线。例如多点位移沿钻孔轴向分布、边坡内部水平位移沿测斜孔深度的分布、锚杆应力沿杆轴向的分布、渗透压力沿坡向分布等。物理量在断面上的分布情况利用等值线、投影分量或向量来表示。分布线图中的一条曲线只能表示在一次观测中不同测点数据的分布情况，为了进行比较，把不同时间的测值分别绘在同一个图中，如测斜分布图，在各条线上标注观测时间。经数值分析计算的分布图有应力、位移在断面上的等值线、等势线、位移向量、主应力的向量图等。

③相关图。相关图分为散点相关图和相关线两种，相关图中以两个有关的物理量为横纵坐标。对于不同的相关关系，坐标轴要求等距。绘相关线时主要选择自变量单调变化，或变化不太频繁的区间来绘制。

五、监测成果统计

根据工作需要，监测成果统计表及报表包括月报表、年报表、重要情况下的日报表以及经过系统整理的各种专项成果表等。监测资料整编时应做出监测成果及特征值的统计表，监测成果统计时段一般以月、年为单位，特殊时段，如施工期、充水试验、通水期、通水间歇期等，可相应调整统计表的内容。

(一) 监测资料整编的规定

(1) 定期进行系统全面的资料整编工作，包括仪器监测资料、巡视检查资料和有关监测设施变动或检验、校测等资料的收集、填表、绘图、初步分析和编印等工作。所有监测资料按规定的格式建立数据库，输入计算机。用移动硬盘或光盘备份保存并刊印成册。

(2) 将整编的成果刊印成册上报，同时抄报有关单位，整编的成果做到项目齐全、考证清楚、数据可靠、图表完整、规格统一、说明完备。

(3) 整编资料按内容划分为以下四类：

①工程资料。包括勘测、设计、科研、施工、竣工、验收和维护等方面资料。

②仪器资料。包括仪器型号、规格、技术参数、工作原理和使用说明，测点布置，仪器埋设的原始记录和考证资料，仪器损坏、维修和改装情况，其他相关的文字、图表资料。

③监测资料。包括人工巡视检查、监测原始记录、物理量计算成果及各种图表；相关因素资料。

④相关资料。包括往来文件、批文、合同、咨询、事故及处理、仪器设备与资料管理等方面的文字及图表资料。

(二)监测资料整编步骤

(1)在收集有关资料的基础上,对整编时段内的各项监测物理量按时序进行列表统计和校对。如发现可疑数据,应标注记号,并加注说明。

(2)绘制各监测物理量过程线图、能表示各监测物理量在时间和空间上的分布特征图,以及与有关因素的相关关系图。

(3)分析各监测物理量的变化规律及其对工程安全的影响,并对影响工程安全的问题提出处理意见。

(4)刊印成册的整编资料主要内容和编排顺序为:封面、责任页、目录、整编说明、工程基本资料及监测仪器设施考证资料(第一次整编时)、监测项目汇总表、巡视检查资料、监测资料、分析成果、监测资料图表和封底。

(三)监测资料初步分析

对监测资料进行分析时,一方面要对监测效应量的变化情况和变化规律进行研究,另一方面要对影响效应量的有关因素加以考查。影响监测值的因素有观测因素、环境因素和结构因素等三方面因素。

(1)观测因素中属于不可避免的偶然误差会影响观测值的精确性(精度),观测系统误差会影响观测值的正确性,而观测中的粗差会使测值歪曲失真。分析监测资料时要对它们加以分辨和处理。

(2)影响监测值的环境因素有水位、气温、水温、降水、地下水以及可能传播到工程区域的较强地震的震动等;施工期还有结构自重的变化、开挖与填筑、爆破振动等因素。这些因素中的主要者应与监测效应量有同期对应观测数值,并在监测分析中加以考虑。

(3)建筑物结构及地质状况是决定效应量监测值的内因。分析监测资料时,对建筑物的结构布置、几何尺寸、材料性能、地质条件、地基处理情况等要有清楚的了解,并应把结构因素和监测成果密切联系起来进行研究。

监测资料初步分析应包括以下三个方面的工作内容:

(1)观测成果可靠性和准确性的分析评定。

(2)观测效应量的数值范围、分布态势、沿时程变化规律及与主要影响因素之间关系的定性分析;观测原因量的数值范围及变化情况分析。

(3)异常值的判断。

(四)初步分析方法

常用的监测资料初步分析方法有比较法、作图法和特征值统计法。

1.比较法

比较法也称对比分析法,是指将效应量与历史测值、相邻测点测值、相关项目测值、计算或试验数值等进行比较,从而判断效应量有无异常的方法。采用比较法进行初步分析,主要包括以下工作内容:

(1)与上次测值相比较,看是连续渐变还是突变。

(2)与历史最大值、最小值相比较,看是否突破。

(3)与历史同条件下的测值相比较,看差异程度和偏离方向。

(4)与相邻测点测值相互比较,看它们的差值是否在正常的范围内,分布情况是否协调，是否符合历史规律和一般规律。

(5) 与相关项目相比较，看它们是否存在不协调的异常现象。

(6) 与设计计算、模型试验数值相比较，看变化和分布趋势是否相近，数值差别多大，是偏大还是偏小。

(7) 与监控指标相比较，看是否超出。

(8) 与预测值相比较，看出入有多大，是偏于安全还是偏于危险。

2. 作图法

作图法主要是绘制效应量时程变化过程线，必要时可绘制分布图、相关图等。时程变化过程线是指一个或数个效应量（含环境量及效应量）在一段监测时段内的所有测值按时间顺序及比例连接起来的折线。通过绘制监测效应量的过程线，主要是了解该效应量随时间而变化的规律，包括：

(1) 直观判断整个过程的效应量变幅、各年的变幅，以及变幅是否合理、协调。

(2) 判断变化过程中是否存在尖点、突变，以及尖点、突变的大小和类型。

(3) 判断该效应量是否存在趋势性变化，以及趋势性变化的速率。

(4) 对应表现为周期性变化的效应量，判断其是否存在周期性变化，周期性变化是否合理。

(5) 当与环境量绘制在同一过程线上时，可了解监测效应量与各环境因素的变化是否相对应，滞后变化时间多长，变化幅度（是否大致成比例）。

(6) 当多个测点的监测效应量绘制在同一幅图上时，还可判断它们之间的变化规律是否相似，是否存在明显的不协调或异常状况。

(7) 当不同监测效应量的过程线绘制在同一幅图上时，还可判断这些效应量之间是否存在相互关系，以及相互关系的程度。

1) 分布图

分布图是指同一监测项目在邻近或相关联的范围内多个测点的同次观测值的空间分布连线图。连线可为一条（一次测值连线）或多条（多次测值连线）。通过绘制效应量分布图，可以了解效应量随空间而变化的规律。包括：

(1) 判断测值沿水平方向或垂直方向分布有无规律性，规律性是否符合一般规律。

(2) 判断最大值、最小值出现在什么位置。

(3) 判断各测点，特别是相邻测点间效应量的差异大小。

(4) 判断各测点效应量空间上是否存在突变。

(5) 在同一幅图上绘制多个时间的分布图，可以判断测值的演变情况。

(6) 在同一幅图上绘制多个项目的效应量分布图，可以判断它们之间的相互关系是否密切，变化是否同步等。

2) 相关图

相关图是指一个效应量与一个环境量，或一个效应量与另一个效应量的多次测值在二维坐标系中的多点聚合图，此图中常绘有通过点群的相关线。通过相关分析，大致可以得出如下判断：

(1) 效应量与环境量之间的相关性（全过程、数年、每一年）。

(2)效应量与效应量之间的相关性(全过程、数年、每一年)。

(3)判断效应量是否存在系统的趋势性变化,是否存在明显的异常迹象等。

3. 特征值统计法

特征值统计是指对各个测点效应量集合按一定要求进行的统计。特征值统计主要包括:算术平均值,最大值及其发生的时间,最小值及其发生的时间、变幅,以及极差、方差、标准差、均方根均值、分布特征等。通过特征值统计,可以达到以下目的:

(1)判断测值是否在正常范围。

(2)判断最大值、最小值是否超出物理意义。

(3)判断最大值、最小值出现的时间是否合理。

(4)判断不同年份的平均值、最大值、最小值与变幅是否一致或协调,是否存在趋势性变化,以及趋势性变化状态如何。

(5)判断分布特征是否合理。

监测资料初步分析程序包括:

(1)对每个监测物理量系列的数字特征进行统计,通过数字特征的统计,了解监测物理量系列的数值范围、位置特征、离散特征及分布特征等情况。

(2)对每个监测物理量的变化过程做分析。通过效应量和原因量同期过程线的对比,了解它们的变化是否有关联,滞后时间多长。通过多个效应量同期过程线相比,了解它们的共性和差异。

(3)对同一监测项目多个测点的监测分布情况做分析。通过分布图了解效应量沿空间的分布情况,了解效应量分布是否和它们有关联。通过同一项目多个测次分布图了解不同时期效应量的分布特点及变化情况。

(4)当效应量受某种因素的影响明显时,可以通过相关图或点聚图了解它们的关系,考查其相关密切程度,相关是线性的还是非线性的,是正相关的还是负相关的等。

(5)通过对监测物理量的数字特征、变化过程、分布态势、相关关系的分析,可以初步判断监测量变化是否正常,并找出监测量的主要影响因素,定性掌握监测量变化规律,为进一步深入做定量分析提供基础。通过初步分析发现工程出现监测值异常并确认影响结构安全时,监测人员应及时发出技术报警。

参 考 文 献

[1] 牛志宏,吴瑞新. 水利工程测量[M]. 2 版. 北京:中国水利水电出版社,2013.
[2] 赵红. 水利工程测量[M]. 2 版. 北京:中国水利水电出版社,2016.
[3] 蓝善勇. 建筑工程测量[M]. 2 版. 北京:中国水利水电出版社,2015.
[4] 张正禄. 工程测量学[M]. 3 版. 武汉:武汉大学出版社,2020.
[5] 胡伍生. 土木工程测量[M]. 6 版. 南京:东南大学出版社,2022.
[6] 许国辉,郑志敏. 土木工程测量[M]. 北京:中国建筑工业出版社,2012.
[7] 王得厚. 大坝安全监测与监控[M]. 北京:中国水利水电出版社,2004.
[8] 马福恒,李子阳,徐国龙,等. 大坝安全检测与监测技术标准化及应用[M]. 北京:中国水利水电出版社,2018.
[9] 何金平. 大坝安全监测理论与应用[M]. 北京:中国水利水电出版社,2010.
[10] 赵志仁. 大坝安全监测设计[M]. 郑州:黄河水利出版社,2003.
[11] 唐崇钊,陈灿明,黄卫兰. 水工建筑物安全监测分析[M]. 南京:东南大学出版社,2015.
[12] 杨杰,李宗坤,林志祥,等. 水工建筑物安全监测与控制[M]. 郑州:黄河水利出版社,2012.
[13] 刘妍,徐立君. 水工建筑物安全监测与维护[M]. 郑州:黄河水利出版社,2017.
[14] 宗志坚. 工程安全监测设计[M]. 郑州:黄河水利出版社,2005.
[15] 国家电力监管委员会大坝安全监察中心. 岩土工程安全监测手册[M]. 3 版. 北京:中国水利水电出版社,2013.